幸福生命学

幸福使者 本心 著

中国发展出版社
CHINA DEVELOPMENT PRESS

图书在版编目（CIP）数据

幸福生命学/本心著．—北京：中国发展出版社，2016.10

ISBN 978－7－5177－0483－6

Ⅰ.①幸…　Ⅱ.①本…　Ⅲ.①幸福—通俗读物　Ⅳ.①B82－49

中国版本图书馆CIP数据核字（2016）第054189号

书　　　名： 幸福生命学
著作责任者： 本　心
出 版 发 行： 中国发展出版社
（北京市西城区百万庄大街16号8层　100037）
标 准 书 号： ISBN 978－7－5177－0483－6
经　销　者： 各地新华书店
印　刷　者： 三河市东方印刷有限公司
开　　　本： 880mm×1230mm　1/32
印　　　张： 11.375
字　　　数： 221千字
版　　　次： 2016年10月第1版
印　　　次： 2016年10月第1次印刷
定　　　价： 48.00元

联 系 电 话：（010）68990642　68990692
购 书 热 线：（010）68990682　68990686
网 络 订 购： http：//zgfzcbs.tmall.com//
网 购 电 话：（010）68990639　88333349
本 社 网 址： http：//www.develpress.com.cn
电 子 邮 件： fazhanreader@163.com

前言
Preface

我为什么要写幸福生命学

我不懂动植物语言，无法获知它们有没有关于幸福感的诉求。但对于人类而言，只要是一个具有正常情感与思维的生命，都无一例外地想要获得幸福。因此，幸福可称之为人类生命的共同诉求，是放之四海而皆准的人类生存法则。只要生命存在，人人便都想要幸福，没有幸福追求的生命是没有意义的，同样，没有生命承载的幸福感也不复存在。从这个意义上，生命可以称之为幸福的代名词，反过来亦然。这是我忽然想要创立这个幸福生命学概念的第一立意所在。

那么，生命到底是什么呢？它又是怎样与幸福休戚相关？现在有一句相当时髦的话，叫“生命就是关系”。虽然各人对生命关系的内容界定不尽相同，但归根结底，一个生命呱呱降落尘世，便意味着要处理好几大基本关系，一是如何对待自己，二是如何对待他人，三是如何对待自然，四是如何对待社会。当然，社会中包含他人，两者可以归为一种关系。所谓幸福，便是在这些关系中游走的感觉，不是让自己自豪或是不爽，就是因他人而悲而喜，当然还有如“感时花溅泪、恨别鸟惊心”般将幸福感寄情于自然之物的，或者将幸福追求寄托于“位卑未敢忘忧国”之民族国家大业发展的。也因此，在第二个意义上，幸福学其实就是生命关系学，无论追求怎样的幸福，都与生命中的某种关系有关。生命关系处理好了，自然就容易感受到幸福与满足，否则，就会陷入不幸感的纠结。

那么，这些生命关系又是如何对幸福产生作用的呢？还需要有一个媒介，就是环境与情境。也即是，这所有的生命关系都不是静止不变的，而是随着不同的环境与情境，在发生着各种各样的变化，也自然对生命主体起着不同的幸福影响作用。比如，刚刚还陶醉在对可爱宝宝的爱意中的妈妈，一下子宝宝调皮不乖了，可能就即刻失去了幸福感，而起了烦躁之心；昨天还卿卿我我的恋人，今天吵架了，幸福感便转化成了天大的不幸感。这是幸福感随关系情境变化而不断变化的一种常态效应。从这个意义上说，幸福其实就是一种对关系情境的动态感觉。

以上这所有的元素，无论是生命还是关系还是环境情境，都需要有一样东西起联结作用，那就是心感。如果生命存在，但不去感觉，那么，什么关系、什么情境，都与幸福无关，只有当生命作为一个参与主体去用心感觉时，那些关系和情境才会产生真正关乎幸福与否的影响作用。

也因此，在这个综合意义上，我们可以为幸福与幸福生命学下个定义：幸福即个体生命对于各种关系中的情境变化所做出的积极、愉悦、满足的心感反应。而幸福生命学就是研究人类生命与幸福追求之间休戚相关的共生关系及其发展规律，从而指导人类积极促进生命幸福体验与创造发展的综合性科学。

这样的定义，也构成了我想要写这一本幸福生命学的基本立意所在。

目录
Contents

第一章
Chapter1

生命文化

不管一个人如何对待生命、如何看待社会，都不得不承认，在他所有现象的背后，其实都被一样东西无形地管制着，那便是文化观念。有的被权威文化管着，而秉承“顺我者昌，逆我者亡”的逻辑；有的以胜败论英雄，认为“成者为王、败者为寇”才是真理；有的以宗教信仰为依持，一切听从神佛指示；而有的，则以金钱财富为追求，认为“天下熙熙，皆为利来，天下攘攘，皆为利往”才是这个世界的真相。不管是怎样的文化，人只要选择了某种文化，便意味着他会按这样的指引去对待自己生命中的各大关系，并依此观念来做出言行的判断与选择。

但为什么不管有没有宗教信仰，或不管是否注重名利成败得失，其实大家都难以获得稳固普遍的幸福呢？原因还是背后的文化之根出了问题——这些文化都在告诉人一切向外求，而与生命相隔遥遥，因此总也不容易挠到幸福的痒处。

◎◎ **幸福使者的传言：为何当代宗教信仰与名利财富都不能帮助人们获得稳固普遍的幸福感呢？根源在于这些文化都在告诉人们一切向外求向远求，而与生命相隔遥遥，因此总也不容易挠到幸福的痒处。生命本身才是幸福基点所在。**◎

其中原由，是因为有一千个基督徒，便会有一千个不同的上帝；有一万个佛教徒，便会有一万个不同的佛陀——上帝与佛陀没有变，但经过不同的生命过滤，就有了完全不同的心感体验。也因此，上帝和佛陀都是无法真正地为每一个生命带来幸福感的，正如成败与物欲都无法真正带给人们恒常的幸福感一样。真正的幸福，必须回到生命本身，回到对生命文化的自然崇尚这样一个幸福基点。

也即是说，人只有将自己的生命体验与创造作为幸福追求的终极信仰，才能真正获得一种不依赖于外力来实现的内在的充实、安然与幸福感。因此，幸福生命学的第一要义，就是从头构建生命文化，全新树立生命信仰。

生命的意义

无论我们如何理解幸福、如何追求幸福，有一点是肯定的，最后都会归结到一点：我为什么要这样做。这便是幸福的归因，而这个归因，便会指向对于生命的意义解读。

比如，若一个人认为生命来到这里就是为了享受，那么，可以自由自在地吃喝玩乐便成为其幸福感的源泉。而若另一个人认为出人头地才是生命价值所在，那么，他就会将幸福寄托于自身的社会成就。同理，有的人信仰上帝，认为自己的生命受制于主的恩典，其幸福便会与上帝紧密相连，而有的人信奉佛陀，便会觉得自己的一切福报自有佛法相护。所谓文化，也即是，你相信什么、依持什么，你就会以之为终极准则，去衡量、参照、评判一切行为的那个神秘的内在编码系统，它不以外在意志为转移。这便是文化的强大之处，似乎看不见、摸不着，却时时处处都在指引着一个人的行动方向。

但为什么，世界文明史上有那么多优秀的文化，却还是并不能解决人类一直困扰自身的幸福与痛苦之间的较量问题呢？窃以为，追究到底，就在于没有任何文化，能够明确、清晰、统一地回答那个人类的终极问题：我是谁？我从哪里来？我向何处去？即生命的意义到底何在的问题。在生活中，我曾经遇到过一些人，为寻求自己的安身立命之道，有人从基督教寻觅到天主教，最后又皈依佛门，而另有人则经历了相反的路径，先从佛门经过，最后投靠了上帝。这种现象很有意思，它起码说明一点，宗教信仰只是人得以用来安身立命的房子，而并不关乎生命本身的意义。既然如佛陀所言是“心为本、物为用”，那么，个体生命是对世上的任何文化具有终极裁决权的，哪个房子合我心意，我就去住哪个房子。

◎◎ 幸福使者的传言：一千个基督徒，便会有一千个不同的上帝；一万个佛教徒，便会有一万个不同的佛陀——上帝与佛陀没有变，但经过不同的生命过滤，就有了完全不同的心感体验。宗教信仰只是人们用来安身立命的房子，而并不关乎生命本身的意义。也因此，上帝和佛陀都无法真正地为每一个生命带来幸福感。◎

也因此，我个人并不认同当前许多人所持的“中国人没有信仰”之论断，更不认同有人狭义地将信仰等同于“宗教信仰”，似乎皈依了上帝就会强人一等，或者入了佛门，就会得道高明。其实，信仰信仰，说到底就是相信什么、仰仗什么，在这个意义上，我们可以理解到，勤劳善良是一种信仰，许多人真心认为，只要存好心、肯努力、愿意动脑筋想办法，自然善有善报；求神拜佛是一种信仰，信徒们通过烧香拜佛，或向上帝祷告，以求内心安宁与神佛保佑；共产主义更是一种信仰，中国共产党之路尽管历尽艰辛波折，但依然坚定地指引着中国社会的发展方向。对于个体生命而言，这些信仰并无任何是非高下之分，而只是各个从心出发的选择。也正是这个意义上，我个人认为，中国人决不是没有信仰，而是具有比世界上任何国家都更为自由、更为多元的个人信仰选择，而这恰是中华文化海纳百川、包容万象的根本体现。

◎ **幸福使者的传言：中国人决不是没有信仰，而是具有比世界上任何国家都更为自由、更为多元的个人信仰选择，而这恰是中华文化海纳百川、包容万象的根本体现，就像儒释道法墨兵农杂阴阳诸子百家满汉全席，可任各人凭自己口味喜好自由选择。**◎

正是因为中华文化几千年来积聚了儒释道法墨兵农杂阴阳诸子百家文化宝库，就如同一桌满汉全席，可以任各人凭自己的口味喜好选择，才造成了如今似乎各有信仰又无主流信仰的纷杂状态。当这种纷杂信仰聚集在一个社会共同体时，则必然会带来一个问题：我们到底听谁的？有没有一种文化，可以将如此纷杂的信仰归于一个共同的价值基点？有没有一种价值信仰，可以让如此多元的文化实现和而不同的融合？

答案，还得回到所有文化的承载基点——生命。从人类社会的历史长河而言，文化是一种凌驾于任何个体生命意志之上的无形传承，但就每一个人类个体而言，文化就是生命的鲜活体悟与印记。有生命，文化就存在，生命消逝，文化也就失去个体意义。正因如此，打个不恰当的比喻，如果说各种文化是整个人类社会长河支流的话，那么，生命，才是所有这些文化源头的泉眼所在。至于生命之外的宇宙奥秘，且在这儿先借用孔子之语“敬鬼神而远之”，留待人间幸福之外的研究爱好者去讨论罢。再借用美国畅销书《与神对话》① 中的一句话来解释：天堂在哪儿？天堂是看不见、摸不着的 Nowhere——却是活生生的 Now_Here。尽管各种伟大而虚无的神明文化确实为我们的人生指明了各种方向、提供了各种力量，但还有什么，能比鲜活的生命信仰更让我们触摸到实然又生动的幸福感呢？怪不得英国宗教哲学家唐·库比特在经历了自身从基督教神学家到完全人文主义的思想巨变之后，终于以 *Life Life , An Emerging Religion of Life* 一书来发出了“生活就是一切”的理性呐喊与“回到生活中心”的人文倡导。译者将书名译为《生活、生活——一种正在来临的生活宗教》②，我尽管没有读过作者原著，但从译著所述以及我自身的感悟思考，我更愿意将这本书译为《生命，生活——一种正在脱颖而出的生命信仰》，或许未必妥当，但一切生活，必然要归结于生命这个实然的基点，而一切宗教，都归于信仰之一，所以，或许这样的倡导更彻底、更究竟。

幸福使者的传言：如果说各种文化是整个人类社会长河支流的活，那么，生命，才是所有这些文化源头的泉眼所在。尽管各种伟大而虚无的神明文化确实为我们的人生指明了各种方向、提供了各种力量，但还有什么，能

① Neale Donald Walsch 著，李继宏译，上海书店出版社 2009 年版
② Don cupitt 著，王志成、朱彩虹译，宗教文化出版社 2004 年版

比鲜活的生命信仰更让我们触摸到实然又生动的幸福感呢？◎

好，让我们再回到生命本身的话题。大家都知道，每个人的生命都是赤条条而来、清淡淡而去，纵然有万贯家产，哪怕有显赫荣耀，也带不走一丝云彩。既然如此，我们的生命意义何在？既然生不带来，死不带去，为何人们还要如此贪得无厌、求索不止？对此，人们或许会以各种文化信仰来为生命的奔忙与贪欲找出存在理由，不管是本着与人为善的人道情怀还是持着人本自私的执著信念，其实都不可避免地会不断掉入自我与社会内外冲突的迷茫漩涡，而只有回到对生命本身意义的认知与信念，才能确保自己在人生的茫茫大海中，一直保持“咬定青山不放松，任尔东西南北风”的理性与坚定，才能真正在多元文化的冲突纷争中，点亮一盏照亮自己也温暖别人的幸福长明之灯。

◎幸福使者的传言：只有回到对生命本身意义的认知与信念，才能确保自己在人生的茫茫大海中，一直保持“咬定青山不放松、任尔东西南北风”的理性与坚定，才能真正在多元文化的冲突纷争中，点亮一盏照亮自己也温暖别人的幸福长明之灯。◎

说了这么多，那么生命的意义到底是什么呢？以我的个人体悟与拙见，生命其实是没有什么特定意义的，唯一的意义便是生命本身。这就像一条鱼、一只鸟的生命存在，其根本的意义就是做好这条会游水的鱼，或者成为一只会飞翔的鸟。人也如此。每个人来到这个世上，只有一个使命，即如何成为那个最好的自己。而围绕着这一使命，要做两件大事。第一是体验，体验自己作为这个独特生命所带来的内在风景感悟，品赏人生旅程中的酸甜苦辣百味风采。第二是创造，在体验内在生命旅程中创造外在风景，即如何经由成为最好的自己的过程，而为这个社会创造什么、留下美好的人生价值。如同那一句耳熟能详的诗句："你站在桥上看风景， 看风景的人在楼上看你 。明月装饰了你的窗子 ，你装饰了别人的梦。"成为最好的自己，既能让自己体味到最美的内在风景，也能用最美的风景去装饰别人的好梦，还有什么，能比这样的生命意义更重要、更透彻的呢？

◎ 幸福使者的传言：生命其实是没有什么特定意义的，唯一的意义便是生命本身，即如何成为最好的自己，既让自己体味到最美的内在风景，也能用自己最美的风景去装饰别人的好梦。◎

讲到生命的意义，我还想讲个故事给大家分享。这是一篇讲给小孩子们听的和《与神对话》同类的故事，我最初是在一个生命修炼的课堂上听到，却在我认知解惑生命意义之路上洞开了一扇别样清新的智慧天窗。现在简要分享一下这个《小灵魂与太阳》故事的基本梗概，以供各位思考探讨：

从前，有一个小灵魂知道了自己是光，是无数组成全宇宙光明的一部分。但是，小灵魂不满足只是“知道”，它还想体验一下自己是光的感觉。于是，它去找神求助，要让它实现这个愿望。神说，如果你想要体验什么是“光”，必须要有另外的灵魂来扮演那个不是光的部分——“黑暗”，才能来让你体验到。因为，若一个人不知道“下”的话，如何能够认识“上”，不知道“冷”的话，如何能够认识“暖”呢？同样，若要认识善良，就必然会有邪恶相照，若要认识快乐幸福，也必然会有悲伤不幸来陪伴。小灵魂终于明白，要知道它真正是谁，就一定要先认识与它相反的东西。“这是一个伟大的礼物”，神这样说。于是，小灵魂接受了这份礼物，开始了它在人间的冒险旅行。

这是一则神话寓言小故事，却透出了人间生命的真谛：来到这里，体验你是谁，以及你如何成为那个原本的、最好的自己。就如同那一句著名的广告语：人生就像一场旅行，不必在乎目的地，在乎的，是沿途的风景，以及看风景的心情。

让我们带着喜怒哀乐本寻常、阴晴圆缺皆美丽的体验风景之心，去展开我们的生命旅程吧，这才是支持幸福一路伴随的根本意义所在。

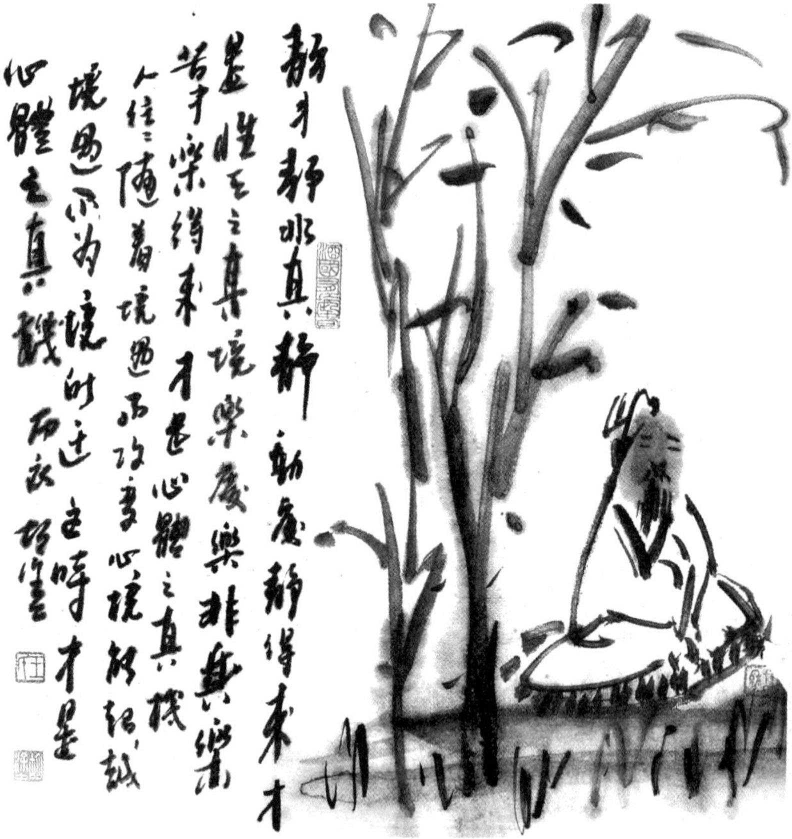
靜中靜非真靜 動處靜得來才
是性天之真境 樂處樂非真樂
苦中樂得來才是
心體之真機

生命的本质

如上所述，生命是用来体验与创造的。而想要体验自己是谁，首先要知道自己是谁，这就涉及生命本质的问题，即任何一个生命都不以外在意志或表面形态为转移的本然特质。只有把握好这个问题，才能使人不在人生之旅的丰采体验中迷失自己。

关于生命本质，记得中国当红女演员章子怡在经受责难后说过一句话："大是大非真的会改变一个人的生活态度，思考问题的程度、方式，但改变不了一个人的本质。所以我的那份骨气一直都在。我现在觉得自己不会飘在空中，也不会喜怒无常而手足无措，我仍然希望做个真实的人。"其实，每一个人都有这样的生命本质，它是一种生命的特质，一种生命的方向，一种生命的力量，是一个人是否能够获得成功或创造幸福的那个根本之"因"。而所有的外在呈现，无论是样貌风度、社会地位还是事业成就，其实也就是生命本质这个"因"，与社会环境及人生际遇这些个"缘"碰撞，经过千锤百炼慢慢融合而成的"果"的呈现。一般而言，生命本质越简单、越清晰、越坚定，他所遇到的"缘"就越能够帮助他快速有效地修炼，从而更有助于走向它该有的"果"。从上面章子怡的那段话中，我们可以强烈地感受到她的生命力量，一切外在的大是大非，都会被她的生命本质而导引，为她的自我成长服务。具有这样的内在力量，生命注定会发出它特有的光彩，而不会轻易被外在所改变。

◎幸福使者的传言：一个人所有的人生境遇，都是生命内在本质之“因”，与社会环境外在之“缘”碰撞，经过千锤百炼融合而成的“果”的呈现。一般而言，生命本质越简单、越清晰、越坚定，他所遇到的“缘”就越能够帮助他快速有效地修炼，从而更有助于走向它该有的“果”。◎

这样的生命本质，从某种意义上说，是与生命的形态没有关系的，也就是说，是柔弱的小草还是参天的大树，是自由飞翔的小鸟还是被人圈养的鸡鸭，在生命的本质上是没有区别的，所以并不需要认为，像章子怡这样的明星才值得去坚持这样的生命本质，才有这样的条件去保持这样的骨气。或许是有一些幸运的成分使她当了演员，演了一些令人瞩目的角色而出名获利了。但其实，或许真相恰好相反，是她那股一直坚持的生命本质和骨气，才使得她在那么多的演员中脱颖而出，并勇往直前，在不断的竞争与磨炼中发出这样的光彩。明星如此，其实普通人亦如此。是生命中的本质令我们每一个人在同类人中呈现自己的独有状态，让我们得以充分发扬自己的特质，使自己长得更高、更厚、更好，并将这样的生命力量作用在我们的个人生活、家庭生活和事业生活中，呈现出不同的人生果实。所以，在长长的一生历程中，在曲折复杂的人生磨炼中，我们唯一能够保持的也唯一应该去坚持修炼并将它在社会中发扬光大的，只有这一个最内核的种子——生命的本质。

那么，对于每一个人类生命而言，到底具有怎样的共性本质呢？

我们在讨论幸福或社会话题的时候，常常有人将一些现象归结为人性的自私，而英国科普作家理查德·道金斯的畅销经典作《自私的基因》一书则似乎为这一论断提供了科学支撑，也为许多人开脱自身贪欲之求找到了堂而皇之的理由。但是，果真自私是人类生命的本质吗？我个人认为，基因确实具有优胜劣汰的复制特性，生命也确实是基因的生存载体，但这并不意味着，基因的生存方式等同于生命的社会机制。打个不恰当的比喻，这个道理就像一个人的身心系统，身体某些局部的缺陷或不健全，并不意味着整个生命的不健康不阳光，否则，就没有那么多身残志坚的令人震撼故事了，也没有那么多通过爱与意志力来战胜身体疾病的现实生活案例了。从某种意义而言，不是基因决定整个生命的状态，而是通过文化对整个生命机制进行调整，可以改变基因，变自私为利他，其中道理，就如同中医奥秘，可以通过对人整个身体系统的调理，而改变局部病症一样。人类的这种文化性，恰恰才是让人区别于动物基因的高灵智慧所在。也因此，我们需要站在更广域、更全局、更深远的角度，来看待我们的生命本质问题。

幸福使者的传言：生命基因确实有着优胜劣汰的生存特性，但并不意味着它能够涵盖生命的社会法则，决定生命的整个状态。生命的本质，

更重要的在于真实、自由、关切、联结几大特点，前两者关乎自然特性，后两者关乎社会特性。◎

生命的第一个本质，应为真实。

生命作为一个整体，是以活生生的真实状态而存在的，尽管它被许多东西层层包裹着，但追根究底，还是需要落到真性的基点。这就像一个果实，由种子开始发芽开花蒂结成果。但在成熟之后，会自然而然地想要回归本源寻求真我，于是，就开始了一层层心灵剥笋的过程，先是把外面的果皮剥掉，那是一个人的最表皮的面具，比如财富、地位等诸如此类，露出丰实的果肉，这就是一个人的性格本身。再接下去，就是坚硬的果核了，那是在家庭亲子关系中形成的童年的屏障，里面就藏着那个或健康、或病态、或丰盈、或缺失的小孩，一个人是否真正地圆融、通透、有智慧、有力量，最终就取决于这个最内核的小孩，这才是最根本的真性生命所在。这个真性生命，不管被包裹得有多厚，都不会轻易因外力而改变。而幸福的首要条件，就是让这个真性生命健康、灿烂地绽放开来。

◎◎ 幸福使者的传言：生命如同果实，被果皮、果肉、果核层层包裹，一个人是否真正地圆融、通透、有智慧、有力量，最终就取决于这个果核里面的小孩种子特性，这才是最根本的生命真性所在。◎

生命的第二个本质，应为自由。

说到自由，卢梭有一句名言：人生而自由，但却无所不在枷锁之中。或许正是因为人们不可避免地被套上社会的、道德的、法律的等等枷锁，而常常忘记了人生而自由的本质，不知不觉让生命受到种种奴役。

当一个健康的生命来到这个世上，它就被赋予一种无上的权利：自由的选择。从身体而言，我们可以自由地选择使用身上的任何器官，做出任何自然的举动。从思想而言，我们可以任由自己天马行空地自在驰骋，而不受任何外在束缚。从行动而言，我们依然可以自由地做出选择，是答应还是拒绝，是听从还是抗拒，是停止还是前进。只要当人拥有这样一种主体意识时，生命便回归到一种自由状态，人人都可以在一定的空间内做出相对自由的选择。这便是人的主观能动性所在，是生命本然的特质。

但是，为何生命又“无所不在枷锁之中”而受着种种奴役呢？这与生命的立场与视野有关。若把生命摆在客体之位，觉得事事都要依附于别人、受制于别人，那么，哪怕给他一个宽敞的大操场，他也无法自由地奔跑。而若站在自我主体立场，对自我生命负起全然的责任来，那么，哪怕是将他关进牢狱之中，他也依然可以让思想自由地漫步。这种生命的主体力量，便影响着一个人的幸福感创造。

幸福使者的传言：生命的自由首先取决于位居与立场。若把生命摆

在客体之位，觉得事事都要依附于别人、受制于别人，那么，哪怕给他一个宽敞的大操场，他也无法自由地奔跑。而若站在自我主体立场，对自我生命负起全然的责任来，那么，哪怕是将他关进牢狱之中，他也依然可以让思想自由地漫步。这种生命的主体力量，便影响着一个人的幸福感创造。◎

除了生命的主体感，对自由更为重要的，是生命的视野。新闻评论作家熊培云写过一本书，叫《自由在高处》，就表达了这样的观点：当别人都在那儿趴着的时候，你站了起来，你就收获了内在的自由。这句话，让我想起了自己关于自由的体悟，是一种登高的感觉。拿走路来打比方，如果你只是用双脚走呢，那么地面上的一块石头、一个水洼，或者是一根荆棘、一丛乱草，甚至一只小小的虫子，都会成为你前行的障碍，让你平添烦恼；可如果你骑上了自行车，就会发现那些眼皮子底下的小障碍好像减少了，车轮子一滚就过去了；但如果你开上了汽车呢，就发现更可以“肆无忌惮”，那些石块水洼，那些乱草荆棘，都可以不在眼下地哗啦啦过去；再想想，如果乘上了飞机呢，那就更不在话下了，什么高山峻岭、什么大江小河，统统都丢在脚下了——那种登天的感觉，便是“乘物而游心”的自在飞翔。正是因为拥有了这样的内在自由感，才能够在种种外在挫折打压中始终乐观积极地勇往直前，在崇山峻岭中走出理想践行的幸福感。

生命的第三个本质，应为关切。

真实是生命本然的存在，自由是生命独立的选择，而人类生命更有一种区别于许多低等生物的特质，那便是关切。浙江大学人文学者盛晓明在其早年的著作《自我与超越》[①]中写道："人的存在本身就是一种关切，他关切自己，能否在这个世界上生存下去，他也关切周围世界中的一切，因为这一切都与他的生存息息相关。""每个人都生活在一个关切与被关切的世界中。正是因为有了这份关切，他周围的世界才变得温暖起来，充满阳光。关切体现了生活的意义，它把自己和他人、自己和世界的距离缩短，最后凝聚为一个不可分割的整体。"

他进一步指出，"关切是一种原初的生命意向，是一切意识的发祥地。它把人自身的一切感觉、思维、情感、意志凝聚为一体，指向某个人或某件物"。正是因为这种关切之心，我们的祖先开始逐步认识这个世界，从而让人这样一种如"大自然里最脆弱的一根芦苇"般渺小的生命开始变得伟大起来，可以与宏大的宇宙同体同心。因此，我们的生命，得以因关切之心而不断创造幸福的地盘。

◎ 幸福使者的传言：真实是生命本然的存在，自由是生命独立的选择，而人类生命更有一种区别于许多低等生物的特质，那便是关切。我们的生命，得以因关切之心而不断创造幸福的地盘，与宏大的宇宙同体同心。◎

①盛晓明著，上海人民出版社，1989 年版

生命的第四个本质，应为联结。

如果说，关切是生命对于外在事物的倾注与指向，那么，联结则是生命对于内在关系的沟通与依恋，它让生命与生命彼此串联，真正成为一个内在整体，从而体验到“我们在一起”的温暖与力量。

最初的联结，来自于亲子依恋。生命离开母体降落到人间，就意味着他将要独自踏上人生的旅程。但父母对孩子的养育生活，则让脱离了母体的生命有了一种新的联结——亲子依恋。这种生命最初的联结期是人性形成的关键期，就如同奥地利生物学家劳伦兹（K.Z.Lorenz）所做的“印刻实验”：小鸭子在出生后一段时间内所遇到的某一种刺激或对象， 会被小鸭子当作自己的母亲而紧紧跟随。他把这一个具有印刻作用的时间周期定为关键期，也称敏感期。狼孩现象也是这种联结期的结果，即初生婴儿若被放到狼群之中，就会形成与狼的内在联结，而形成与狼相似的习性，一旦错过这个关键期，哪怕后面再进行弥补教育，都仍然难以恢复到正常人的心智水平。

因此，每一个人都应该善待这一联结的生命本质，在关键期内好好地培育爱与智慧的联结，并在今后数十年的生命历程中用心地做好联结的延伸与优化工作，从而使得人与人之间能够经由性格、气质、才能、学识或家庭、工作、事业、成就而和而不同地紧密联结在一起，从而更好地体现人性之间相亲相爱、生命之间互帮互助的幸福与满足感。

◎◎ **幸福使者的传言：如果说，关切是生命对于外在事物的倾注与指向，那么，联结则是生命对于内在关系的沟通与依恋，它让生命与生命彼此串联，真正成为一个内在整体，从而体验到“我们在一起”的温暖与力量。◎**

综上所述，正是因为生命具有真实、自由与关切、联结的本质，才为我们提供了可以分别享有自由与亲密、独立与依恋的幸福之门的两把钥匙，一切只在于我们如何去恰当地使用这两把钥匙。

生命的形态

曾经写过一篇博文，名为“生命像花儿一样”，起因是在一次课题会议中，我开始观察品味在座的一个个人，虽然大多数都已经人到中年，不再青春亮丽，但如果站在欣赏生命形态的视点，就会觉得人人都有它特定的可爱之处，有的睿智内敛，有的坦荡真率，有的儒雅秀气，有的理性淡定，有的随性松弛，有的灿烂温暖，而有的，则像孩童般适意可爱……于是，这个会议场景，整个儿就像一座人性花园，每一个生命都像一朵花儿，呈现出各不相同的精彩。我时而参与其中交流，时而在旁悦然静观，都能感受到生命之美所带来的愉悦欣喜感，似乎比自然风景更令人心怡。

是的，生命像花儿一样千姿百态，原本如此。记得在学生时代，就有“好色”的女同学给每位男老师取花名，每一种花代表这位老师的性情特质，现在想来都极其妙趣贴切。而孩子，原本更是一朵朵娇艳无比的鲜美之花。可是在生命成长的历程中，却被统整教育的无情之剪裁成了齐崭崭的木桩，就像一幅漫画里所描绘的那样：一个个形状各异的孩子脑袋经过学校的过滤以后，出来就变成了同样的一个个方形。这真是无奈的悲哀。

除了失去人文的教育会抹灭生命成长中的千姿百态，还有成年后的我执之念也会挡住欣赏生命的慧眼，而总是用某一种固化的标准去衡量各不相同的生命形态，从而看不到每一个内在生命越过衣着、身份、地位、名望等这一切外在之物的本然美感，而为人与人之间的美感与温暖造成了这样那样的障碍。

在幼儿教育领域，有一句非常有名的话，叫“孩子有一百种语言”，来自于意大利瑞吉欧教育工作者马拉古齐所写的一首诗：“孩子有一百种语言，一百双手，一百个想法，一百种思考、游戏、说话的方式，一百种倾听、惊奇、爱的方式，一百种歌唱与了解的喜悦……”正是因为教育工作者本着这样的儿童观去欣赏、激发每一个孩子的生命特质与独特价值，这个瑞吉欧教育体系创造了实践的奇迹而被美国周刊誉为“儿童的天堂”“全世界最好的学前教育机构”。

其实，孩子的世界有一百种语言，成人的生命又何尝不是如此呢？人人生而平等，人人生而不同，这就构成生命的丰富多彩形态，就如同这自然界的动植物，柳树有柳树的柔美，松树有松树的刚劲，小鸟有小鸟的可爱，老鹰有老鹰的风采，这是每一种生命不可替代的独有之美、平等之尊，不可同日而语，不可做高低尊卑的狭隘评判，更不可用一种生命的我执去控制、打压另外生命的自由与尊严。

幸福使者的传言：人人生而平等，人人生而不同，这就构成生命的丰富多彩形态，就如同这自然界的动植物，柳树有柳树的柔美，松树有松树的刚劲，小鸟有小鸟的可爱，老鹰有老鹰的风采，这是每一种生命不可替代的独有之美、平等之尊，不可同日而语，不可做高低尊

卑的狭隘评判，更不可用一种生命的我执去控制打压另外生命的自由与尊严。◎

我曾经在《发现生命法则》一文中描述过理想中的社会人际现象：如果我们走进一片原始森林，便可以发现一种丰富多样又安然自在的生态景象：各种树木交错林立，各类花草间隔其中，各式藤蔓缠绕其间，高低错落，井然有序，呈现大自然和谐艺术。人类社会也应如这一片森林，由千姿百态的人之树木花草组成，而家庭、机构、社区等都是森林中的小群体组织，就像同一地域中的某些相邻植物。既然是森林，树木便有高有矮、有曲有直的，花草便有大有小、有灿烂夺目的也有暗发幽香的。但人们往往未能理性清晰地认识到这一点，总喜欢拿自己的弱势和别人的强项比，总觉得人家有的我也要有，人家得到的我也应该得到，还喜欢动辄以爱的名义、以为对方好的理由去控制、干涉别人的生命形态与成长权利，于是嫉妒、虚荣、排挤、抗拒之各类纷争都在人世间应运而生，这就人为破坏了社会群体之中生命和而不同的生态法则，让社会不得清净安宁。

瑞士心理学家荣格说，在人的整个一生中，他所应该做的，只是在固有人格基础上，去最大限度地发展他的多样性、连贯性与和谐性，小心谨慎着不让它破裂为彼此分散、各行其是、相互冲突的系统。按我的理解，这句话的意思可以解读为：每一个人的生命原本都是一朵神奇之花，在一生开花的过程中，我们所需要做的，就是如何让它开得更丰采、更生动、更灿烂，而不让它半途枯萎或提早凋零。只要生命真实、自在、和谐开放，你就会发现，每一个人都会显出它独有的美感，就像你放下任何执念与评断，而在一个群体中所欣然感受到的那样：生命，个个美丽如花。

◎◎ **幸福使者的传言：每一个人的生命原本都是一朵神奇之花，在一生绽放的历程中，我们所需要做的，就是如何让它开得更丰采、更生动、更灿烂，呈现出独具特色的生命美感。**◎

朝看雲卷雲舒暮聽潮起潮落

生命的美意

在长长的生命体悟与探究过程中，有一句话一直伴随我心，也被我分享给许多被一时境遇困扰之人而助人解开心结。这句话便是：生命中每一件事情的发生，都有其背后的美意。

这个“生命的美意”，蕴意隽永又深刻。它让我想起多年前发生的中国汶川大地震。当时我看着电视屏幕中那满目灾难惨状，便开始自言自语地寻思着：生命中每一件事情的发生，都有它背后的美意。那么，如此惨重的自然灾害，它的美意何在呢？没想到旁边的先生说了一句，你看，汶川地震一发生，接下来的中国奥运会要安耽顺利不少了。似乎一语点醒梦中人，当时总理说大难兴邦，还真让我从这些事件的背后，去更深远地思考，大难给后来的人带来怎样的“美意”，确实发现，正是由于汶川大地震而唤醒了国人纷纷伸出援助之手的公众善爱之心，这种在大难事件面前形成的凝聚力，又给世界奥运会在中国的顺利召开注入了更强大的团结力量。

这让我想起另一句话：如果我们不在爱中觉醒，就在痛中觉醒；如果我们不在痛苦中觉醒，就在失去中觉醒；如果我们不在失去中觉醒，就在更大的丧失中觉醒。生命与宇宙原本就是天人合一、相融一体的世界，如果人类能够在爱中觉醒，就会带给这个世界更多的幸福和谐，而若人类偏离生命正道，破坏自然之序，那么宇宙就会用各种各样的伤痛与失去来向人类发出警告，以唤醒关爱生命、尊重人道的回归意识。近些年来不断地发生天灾人祸的各类大难惨案事件，就是宇宙自然不断地向人类发出的天谴警示，以唤醒人们回归正道、维护和谐的生态意识，不要再在盲目的纷争与无尽的贪欲中迷失真性生命与真爱关系。这才是这些大难事件背后的“美意”，如果我们不能理解这些生命背后的宇宙美意而依然执迷不悟，那么，这样的悲剧还会一而再、再而三地发生，直到人们觉醒新生，或者走向灭绝消亡。这便是天人合一的宇宙奥秘。

◎ 幸福使者的传言：如果我们不在爱中觉醒，就会在痛中觉醒；如果我们不在痛苦中觉醒，就会在失去中觉醒；如果我们不在失去中觉醒，就会在更大的丧失中觉醒。生命与宇宙原本就是天人合一、相融一体的世界，人类如果能够在爱中觉醒，就能带给这个世界更多的幸福和谐。◎

而关乎每一个人的生命个体，这样的美意就更是寻常多见。比如生病，其实在很大程度上并非机体本身的原因，而是一种心理警示。其病症虽在于身体反应，但其病因却在于心理机制。也因此，许多病都是可以通过心药来医治的。曾经看过一本让我想要长久珍藏的好书——《痊愈的本能》①，当时让我如获至宝的原因，倒不是因为书中提出了“摆脱了压力、焦虑和抑郁的7种自然疗法”，也不是书的行文有多吸引人，

① (法)大卫·塞尔旺－施莱伯著，黄钰书译，顾海燕校订，中国轻工业出版社，2006年版

而是因为这本书的作者是一位受正统西方医学训练的医生教授，他是在大脑认知科学的最前沿领域从事研究的脑神经科学家，却反而在西方医学奉为神明的精神科药物疗法或者是被吹捧得高深莫测的心理学治疗之外，发现了人们完全可以不依赖于外力，而只要通过调节个人的身体与情绪便能够有效改善压力、焦虑和抑郁病症的自然本能。正如作者所言，“我们的身体跟大自然一样，具有自我痊愈的本能，它需要人们去了解和发掘”。而令我感动的是，作者作为一位西方医学的权威代表，却能够如此真诚、严谨、关爱地表达了对于更有利于生命尊重与发展的自然疗法的实践、验证与肯定，以及对于原本自己所从事所倡导的主流权威做出否定的科学精神。就像前面章节中所提的那位基督教神学家一样，令人肃然起敬、怦然共鸣。怪不得一位法国医学教授不禁称赞：这本书每一页都洋溢着爱。也只有心里充盈着对于生命纯然真切的深爱，才具有如此尊重事实、回归真性的科学精神。

写到这里，倒让我想起另一个相反的故事，来自于胡因梦的博文，标题为：“破除医学神话”。说在很久以前，有一个地大而富饶的国家，那儿的人民不断地掉落悬崖。他们跌到山谷后，有些人伤得很严重，很多人因此而丧命，于是国家的医疗机构对此情形而采取了以下的应变措施——他们在悬崖的谷底，放置了目前所发展出来最精密、最昂贵的救护车队，以便及时将那些掉落悬崖的伤者送到最现代化的医院，接受最新医学科技的治疗。他们说：“当人民的健康濒临危险的时候，为了急救生命，任何代价也在所不惜。”但没多久就有人提出，应该以更好的补救方法来防止这个不幸事件的发生，比如，在悬崖顶端围上栏杆来防止人们掉落悬崖。然而他们发现，他们提出的这个构想完全受到忽视，救护车的司机对这个想法不表赞同，制造救护车的人也没多大兴趣，在这行业里已建立起威信与声望并且靠它吃饭的人，更是对这个建议嗤之以鼻。医学界的权威人士以无比的耐心跟人们解释说："这个问题远比他们所想象的要复杂许多，架铁网的建议听起来似乎蛮有意思，但太不切实际。像健康这么重要的事，如果交给外行人来办，是不妥当的，应该让学有专长的医学人士来处理。他们抱着无限的希望，认为只要有足够的经费，假以时日就能从遗传基因学上精巧地设计出不会因为从悬崖上掉下来就淤血或受伤的人。”

◎ 幸福使者的传言：在很多时候，人们判断一件事情，不是基于面对客观真实、权衡生命利弊的科学人文精神，而是基于自我权威与既得利益的本位立场上，这容易使事情真相陷入南辕北辙的迷途歧路之中，最终造就对生命有害无益的虚幻神话。◎

因此没有人围篱，日积月累，国家终于发现他们花在救护车、医院及高科技医疗设备的经费直线上升。事实上，他们在医疗服务上的花费，比有史以来世界上任何一个国家的开支都要大，这些钱，如果不是用在救护车及医院的话，大可以用在社区服务、宽敞的住宅、教育及健康食品各方面；由于治疗病人的花费不断上涨，越来越多的人花不起钱看医生，无家可归的人数激增，饥饿的人比以前更多，家庭也由于种种的压力而破碎。由于这些因素，再加上将国家资源用在不当的地方，使得人们所感受到的沮丧与失望都借由暴力、帮派及市内暴动等现象来发泄。

而越多的人从悬崖上掉下来，这个局势就越发紧张，于是产生更大的压力，导致更多的钱投入研究工作，想找出可以治疗伤者的药方，当有人指出这个方法到目前为止都是徒然无功，并询问究竟是否有可能找出真正的答案时，研究单位借着广大媒体的渲染，让身穿白衣的人，手抱着掉落悬崖孩子的尸体，向质疑的群众请求道："现在不要放弃我们，我们离最后的目标已不远！"

当一些受害者的家属试着在悬崖顶设立警告标志时，他们反而因非法越界而被捕；当一些比较有远见的医师开始认为医学界应该公开警告人们避免掉落悬崖的危险时，来自有权有势的工业界代表立刻宣告，这些人只能算是健康警察，并企图降低他们的身份。于是，激烈的交战一波又一波地兴起，在不断的妥协之后，医学界终于屈服而发出了警示的通告，他们的警告是这样写的——任何已经因为前几次落崖而双手双腿都摔断的人，以后往下摔时，请要小心注意落崖时的技巧。

当然这只是一则寓言，是捏造的医学神话。用了这大段篇幅全文摘录这一故事，是深切感受到这绝非一篇随意捏造的寓言神话，而恰似当前社会许多领域的现实状态。为了维护一些权威与利益，不惜无视生命本身的真相与需要，而将原本可以简单解决的问题，折腾得如蘑菇云一样纷乱迷障。这恰是对生命最大的不尊重以及最严重的侵害现象。而这样的现象，在如今的社会里却比比皆是，令人担忧。

◎幸福使者的传言：人间世界气象万千，虚相之下有实相，实相之中有真相，真相之后有动相，动相之外有全相。生命的美意，就在这些相中有相、相外有相的智慧感悟中，谁能觉醒，谁能透悟，便向谁伸出通往理想彼岸的幸福橄榄枝。◎

想要彻底脱离这种蘑菇云的侵蚀污染，每一个人必须开悟启智，学会从一些自身的微小现象到社会的宏大事件中去发现生命的美意，透过一些虚华的外在现象，去看到深度理性的本质奥秘。我常说，在这个尘世人间，不断地传播着各种纷杂信息，这些信息中有许多是自以为是的虚相，但虚相之下是特定的实相，实相之中有理性的真相，真相之后有行进的动相，在动相之外，还有系统的全相。生命的美意，就在这一些相中有相、相外有相的智慧感悟中，就看我们每一个人能否静观深思或理性觉知，谁醒得更充分，谁悟得更透彻，生命的美意便会向谁伸出通往理想彼岸的幸福橄榄枝。

本章小结

根据直觉判断，人类社会将要从宗教时代步入灵性时代的新纪元，虽然当前社会似乎比任何时候都学佛成风、拜神逐热，甚至还有不少人修行成瘾，但总体而言都是殊途同归地想要获得心灵的安宁与依持，但这也带来了各派相争的纷乱景象。那么，有没有一种文化可以完全符合“每一个人”的基本价值观念，可以从最根本的意义上给人以内心所信、外行所仰的共同信仰支持呢？倡导“生命文化”成了我们尊重生命、回归真我、求同存异、和谐发展的理性选择。因为生命高于一切，生活包含所有，唯有生命的感知、生命的体验、生命的创造才是个体实然的存在形式，也是社会得以连接延续的现实形态，离开生命的存在与活力，一切文化价值都无以承载与感知。因此，唯有尊重生命、关爱生命、激发生命、享受生命的“生命文化”，才能满足任何个体差异同时又能超越任何时代的“普世文化”。

这样的生命文化包含以下几方面的内涵解读。

一、生命的意义

生命来到这个世上，是没有任何其他的特定意义的，唯一的意义便是对于生命本身的体验与创造，即成为一个最出色、最充分、最完整的自己，并在成为最好的“我自己”的人生历程中自然而然地创造社会价值风景。

二、生命的本质

人生是通过对生命本质的固守和演进来获得坚定不移的理想发展的，而真实、自由、关切、联结的生命本质，让我们每个人获得这样的内在支持与行动力量。

三、生命的形态

生命原本像花儿一样千姿百态、各不相同，我们不仅要学会欣赏每一朵生命之花的独特美丽，更要尽可能保持生命形态的本真与完整发展，让每一朵花都能够自在灿烂、和而不同地绽放出独特的魅力。

四、生命的美意

生命中每一件事情的发生，都有它背后的美意。只有保持对生命本身的敬仰与爱戴，才能在每一个自然或社会事件中觉知其背后的美意，从而让生命在爱中自在流淌，而不是在伤痛与失去的代价中被动觉醒。

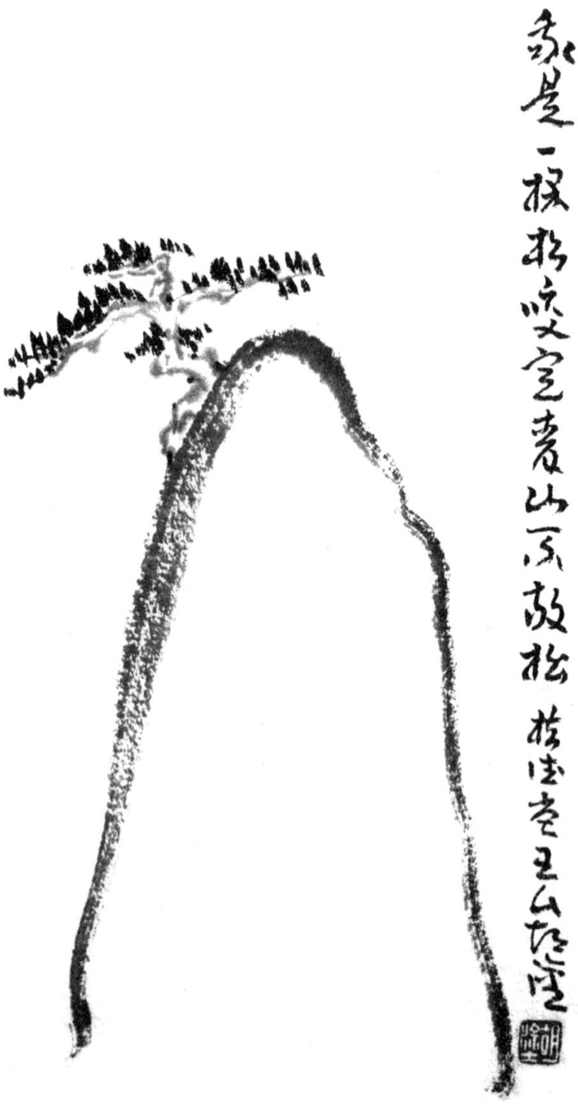
就是一棵松咬定青山不放松

第二章 Chapter2

生命能量

什么是幸福？尽管我们对幸福有种种解释，但追根究底，其实幸福就是一种生命能量的正向流动。比如爬一座山，如果你能够清晰把握前进的方向与路径，又有充沛的精力能够支持自己不断地向上爬，什么困难都难不倒，同时一路上又有旗鼓相当的亲友搭档相伴同行，还能品赏到各种风景。那么，这座人生之山，定然能够爬得幸福有趣。所以，要论道幸福，一定离不开生命能量这个源泉所在。

而综观社会各种热闹现象，看上去好像是关于事的纷争或者是关于情的纠结，但若拨开那些浮相外障，透过现象看本质，或许就能够发现，其实斗来斗去的都不过是生命能量之间的较量，有高低能量的拉扯，有正负能量的纷争。我曾经写了一系列关于人的发展的博文，比如政治、经济、文化、教育，比如民族、党派、科学、宗教，比如金钱、财富、自由、尊严，比如婚姻、情感、家庭、事业，无论是从哪个角度、哪个领域，其实都只是人的生命能量的展现，是一个人或一个群体在一定时代背景与社会机制作用下自然上演的生命能量情景剧。比如，有一位心理咨询师针对前几年的利比亚战局问题写了一篇博文“卡扎菲——诗人政治家之噩梦”，说卡扎菲是诗人，喜欢沉浸在罗曼蒂克的感觉里，这样的人其实不适合做政治家，这样的诗人政治家若想将自己的罗曼蒂克强加到别人的头上，那对别人来说就是巨大的灾难，而最自恋的诗人往往比谁都想掌控世界——卡扎菲的诗人风范，或许就这样成了绝大多数利比亚人的噩梦。

◎ 幸福使者的传言：人间世界的一切热闹纷争，其实都不过是生命能量的展现与较量而已，回到生命根本，才能悟出别样乾坤。◎

站在这个生命能量视角上看政治，或许就能悟出别样的乾坤。其实，滚滚历史潮流中一代代风云人物，又何尝不都是在用自己的生命能量与当代社会玩一场你追我赶、你说我听、你唱我舞的体验与创造游戏呢。正是在这个意义上，我们需要先来了解一下生命能量的奥秘。

如是我闻一时佛住舍卫国祇陀园孤独精舍时已夜深有
一天神殊胜光明遍照园中来至佛所顶礼佛足立一旁以偈
白佛言众天神与人渴望得利益思虑求幸福请示最吉祥世
尊如是答言勿近愚痴人应与智者交尊敬可尊敬者是为最
吉祥居住适宜处往昔曾修德行置身於正道是为最吉
祥多闻工艺精严持诸禁戒善说
悦人心是为最吉祥奉养父母亲爱
护妻与子从业要业实是为最吉
祥布施好行德帮助家亲眷行为无
瑕疵是为最吉祥身行须禁止恶
己不饮酒类性坚不移是为最吉祥恭敬与谦让知足已
感恩及时闻教法是为最吉祥忍耐与顺从得见众沙门
适时与信仰是为最吉祥自制净生活能悟八正道实证
涅槃法是为最吉祥八风不动心无忧无染宁静无烦
恼是为最吉祥依此行持者无往而不胜一切处得福是为最吉祥
吉祥经　戊子年初冬时节

能量奥秘

这些年，关于能量概念的使用频率越来越高，但似乎系统完整阐述能量的资料却并不多见。前些年关注这个问题时，曾经收藏过一些相关的介绍文章，但忘记了出处，在此摘编一些与大家分享，并感谢原作者的智慧贡献。

生命是以能量来维持的，人有气则生，无气则亡，这个气就是能量。能量以频率的方式传播，按能量频率的高低不同分成三维：一维能量最弱，频率最低；二维中等，但通常也最以为是，常常喜欢与人争个高低；三维最强，很多伟人或高僧大德的频率可以和宇宙对接，因而能接收到宇宙的能量，即所谓神通。能量的传递是同频共振的，一般而言，人只能接收同频能量，因而，一维人无法理解二维人的思维，二维人无法接受三维人的行为。三维的人是少数，他们能量强频率高，与一维人相差太远，几乎无法沟通，只能远离是非；而二维人吵架，三维人看来也同样无法理解，觉得这些都是微不足道的事，为何二维人会吵得不可开交，所以三维的人不喜欢凑热闹，有礼貌，修养好，比一般人好说话，当然也容易形成“曲高和寡”的那种孤寂感。所谓“话不投机半句多”就是指这种能量频率不对接，而“一见钟情”“人以群分”“近朱者赤、近墨者黑”等都是指这种能量的同频对接或影响。

除了频率维度不同，能量还有正负之分。正向的能量包括快乐、欣赏、喜悦、关爱、信赖、自信、积极、努力、干净、漂亮、感恩、奉献等，负能量包括生气、愤怒、抱怨、自私、多疑、恐惧、妒嫉、消极、攻击、委屈、贪婪、责怪、抗拒、退缩、生病等。正能量是与生命能量相容的，会让人感受到很温暖、很愉悦、很舒服，可以激发生命积极向上，而负能量则令人产生不愉快、不舒服的感觉，与生命能量不相容，容易使人的生命能量受到损耗。正义的能量和邪恶的能量都可以很强，所谓佛的能量和魔的能量都很大。

正能量是往上升、向外散发的，所以具有高频正能量的人很有感召力，可以吸引很多的人汇聚在身边。而负能量是向下降、往里收的，在身体内积聚太多负能量的人，会无情地向外发泄，既伤到自己，也伤害身边的人，而能量越强的人，这种伤害性也会更大。能量是以动态的方式发展的，正负能量可以相互转化，高低能量之间也可以通过传递而升降。因而，掌握这样的能量规律，便可以通过能量传递和转化来改变自己的命运，尽可能地对接正能量、远离负能量，尽可能地通过各种学习交往活动而向同频能量或更高能量对接，以提升自己的正能量，而不要被负能量或低频能量是非所耗。

幸福使者的传言：正能量是与生命能量相容的，会让人感受到很温暖、很愉悦、很舒服，可以激发生命积极向上。而负能量则令人产生不愉快、不舒服的感觉，与生命能量不相容，容易使人的生命能量受到损耗。正

负能量可以相互转化，高低能量之间也可以通过传递而升降。因而，掌握这样的能量规律，便可以通过能量传递和转化来改变自己的命运。◎

能量以波的方式存在，虽然看不见摸不着，但你可以时时刻刻感受到它的真实存在，那是一种从骨子里出来的东西，靠在生命中不断沉淀积累而成，既模仿不来，也伪装不了。一个人思想境界越高，能量越大，愿力越大，能量也越强。就像一个人如果希望一亿个人好，就会有一亿个人喜欢他、信任他，那么这么多的正能量积聚到他身上，他的能量就会变得很大很大。处于三维的人经常会有高处不胜寒的感觉，因为身边可以同频对接的能量不多，但其实只要将自己的思想以波的方式不断发送到宇宙三维中，就会与其他三维人发出的能量波同频共振，那么以后一定会在某一天的某一个地方相聚，见面的时候会有"相见恨晚""似曾相识"的感觉，这便是我们所称的缘分。

从以上对于能量的介绍，我们似乎可以得出这样的结论：其实人生路上的许多挫折障碍，都是能量斗争的结果，有的是正负能量对应交战，有的是高低能量相遇拉扯。这种斗争似乎不容易用脑子来思考或控制，而是会受深层意识的支配指使，而使得一些主观意愿上并不想发生的事也如约而至。这也便是我们所称的吸引力法则。即自己是怎样的能量所向，就会引来怎样的同频能量。我曾经玩笑举例说，如果一位妻子老想着"先生不要出轨"，那么，这位先生就真的容易"出轨"，因为妻子心中担忧、害怕、不信任的负面能量就会吸引这样的事情真的发生。因此，我们若希望自己的人生能实现“心想事成”的幸福理想，一定是要真心诚意地相信你所追求的那件事一定会发生，哪怕一时受挫，也知道它一定有值得原谅、宽恕与再期待的理由，而不是对事情做出抱怨、抗拒或退缩的负能量反应。如此，便能让自己的生命能量朝着充满阳光的方向一步步向上提升，从而对接到更多正向的高频能量，改善自己的生态环境，从而通过同频相吸、同道合力来实现自己的理想愿望。

◎ 幸福使者的传言：生命能量符合同频相吸的法则，我们若希望自己的人生能实现“心想事成”的幸福理想，一定是要真心诚意地相信你所追求的那件事一定会发生，哪怕一时受挫，也知道它一定有值得原谅、宽恕与再期待的理由，而不是对事情做出抱怨、抗拒或退缩的负能量反应。◎

从这个意义而言，无论是事业的成功还是个人的幸福，实际上都只是生命能量由内向外的流动吸引以及由外而内的呼应展现而已，掌握生命能量之秘，便能更好地帮助自己走出幸福人生的捷径，也能更好地找到对应的能量合力，从而为社会创出更大的事业价值。

明月几时有把酒问青天不知天上宫
阙今夕是何年我欲乘风归去又恐
琼楼玉宇高处不胜寒起舞弄
清影何似在人间转朱阁低绮
户照无眠不应有恨何事长向别
时圆人有悲欢离合月有阴晴
圆缺此事古难全但愿人长久
千里共婵娟
东坡水调歌头词

身心健康

当下大家常说一句话：如果人生幸福是 100 分的话，那么，健康便是那个最前面的 1，离开这个 1，后面的一切 0 都失去了意义。也正因如此，当下的健康养生产业如雨后春笋般争先恐后地冒了出来。

这句话，既对，也不对。说对，是因为健康确实是一切幸福承载之本，生命一旦离开健康存在，幸福就如同无根之木难以存活。说不对，是因为我们常常将健康狭隘化、表浅化，以为有好吃好喝好用的伺候好自己的三尺皮囊，健康和幸福就会乖乖而至。其实，真相远不是那么回事。人的身心健康，更深度地受制于生命能量，而非只是外在的饮食保健等营养之效。

◎ 幸福使者的传言：人的身心健康，更深度地受制于生命能量，而非只是外在的饮食保健等营养之效。◎

记得在年轻的时候，我常陪一位闺蜜去医院看病，我很不喜欢医院那种气味及拥挤的感觉，又觉得闺蜜好友的病只是多愁善感的心理导致，因而便在意识中种下了身病需要心药治的直觉认知，并一直伴随着我后来的一路探索。而越来越多的研究证悟与生活现实也让我将这种认知从直觉意识变为理性认定。比如，从生活现实而言，那位闺蜜好友后来恋爱结婚，就变得平实开朗起来，自然就与生病就医越来越远离。我自己一有不适，就从心理上找原因找对策，因而半生历程中，除了生孩子看牙齿等必须依赖于医院之事，很少与医院及药物打交道，可算为国家节省不少医疗消耗。而要是在心理上真不能解决的问题，哪怕吃什么保健品都不见效。正是在这样的认知意义上，我才深切地共鸣前文中的这篇医学神话，想若能让人从根本上认知身心健康的真相之道，能够自我调整好生命能量状态，哪需要国家花这么大力气和代价去做医疗改革，还越改病人越多、越改医院更忙、越改医患关系更紧张！而要如何调节生命能量，又必须从开民智、启心慧的生命教育开始，让人真正认识自己的生命奥秘，正确把握自己的身心能量，使它走向自净自爱自愈的自我健康养生之路。

◎ 幸福使者的传言：若能让人从根本上认知身心健康的真相之道，能够自我调整好生命能量状态，便能使大家都走向自知自爱自净自愈的自我健康养生之路，而根本无需在国家医疗改革问题上付出如此事倍功半的代价。◎

为了有助于大家更好地领悟身心一体、健康自愈的生命能量，我想在此好好地向各位介绍一下前面所提及的这本令人珍爱之著作：美国匹兹堡大学医学院的精神病学临床教授大卫·塞尔旺－施莱伯博士所著的

《痊愈的本能》，也在此感谢香港大学博士黄钰书的美妙翻译和中国轻工业出版社的出品才得以让我享受到这一本书的智慧瑰宝并能够在此分享给大家。

再一次拿起这本书，我依然有一种爱不释手的感觉，恨不得要把整本书中所有的美文智语都摘抄给大家，但这显然不现实，因此，我决定先与大家分享几个章节的目录介绍。

第一章 全新的情感医学 每一个生命都是独一无二的，每一个生命同样也充满了艰辛，有的人虽然拥有如玛丽莲·梦露和海明威一般让人倾慕的美丽与才华，却仍深陷于生命的空虚中，以自杀告终，而有的人具有倾向快乐的品格，他们更善于为自己的生命赋予意义，全新的情感医学激发心灵和脑部的自我治疗机制来根治压力、焦虑、抑郁，而无需谈话治疗与药物。

第二章 情感脑和认知脑的艰难融合 没有情感，生命就会失去意义，没有爱、美、公义、真理、尊严和荣誉，以及它们带来的满足感，生命里还有什么值得人活下去？！缺乏情感，我们会失掉方向感，而有些患上严重精神病的人会丧失这种能力，坠入情感的“无人地带”。

第三章 心和它的理性 著名的数学家哲学家帕斯卡说：“心有它的理性，那是理性所不知的。”近年有一项令人吃惊的发现，心脏的运作直接影响脑部，真的有一种灵丹妙药吗？能创造心脑和谐，延续衰老，降低压力和疲倦，克服焦虑，保护我们免于抑郁，带给我们身心愉悦的状态……

第十一章 爱是一种生物需要 我们的情感不仅仅依赖于伴侣之爱，实际上，依赖我们所有的情感联系，我们的孩子、父母、弟兄姐妹、朋友，还有我们的动物。就像我们的植物都会朝着光一样，我们也需要爱和友谊之光，没有了它，我们会陷入焦虑与抑郁之中。

第十四章 超越个人的更大联系 社会生物学在过去30年揭示了我们的每个基因都是利他的。① 当我们在内心深处感受到自己和周围人的联系，当我们的生理机能进入协调状态时，我们就会打开一扇大门，通向接纳周围世界的各种新途径。马斯洛描述的这个良性循环正是实现自我的大门，一个没有压力、焦虑和抑郁的境界。

第十五章 此刻着手 我们的身体跟大自然一样，具有自我痊愈的本能，它需要人们去了解和发掘。本书的七种自然疗法有一个共同的目标：帮助我们发现并唤醒内在的痊愈本能，医治自己的情绪，享受身心健康、愉悦的生活。

我相信，各位看了以上章节概述，或许对身心健康会有一种全新的认知激发与感受期待。这不是为这本书做宣传广告，而是借用国际精神医学科学家的临床研究智慧，来为我们重新认识自己的生命能量打开一

①在《痊愈的本能》这本书里所提到的"每一个基因都是利他的"观点，似乎与《自私的基因》的概念正好相反，有兴趣的读者可根据前书中的观点摘要文献Wilson,E.O.,Sociobiology:The New Synthesis《社会生物学：新的综合》，25周年版（Cambridge,Mass,:Harvard University Press,2000）去做深化探究，对比一下两者何以得出截然相反的结论。但以我判断，生命是整体的，而研究总是片面局部的，所以，无论从甘蔗哪头吃起，或者是看到玫瑰之刺还是花的芬芳，都不能涵盖生命本身的能量，唯有自身的体悟与展现，才是真切之理，也才有了如《痊愈的本能》这般如天籁之声的生命回归智慧关爱之作。

扇现成的大门，如同作者在书中所提议的那样，只要你建立自己的计划，比如通过练习心率协调来学习控制自己的情感生命，学会处理自己的痛苦记忆，认清人际关系中出现的长期冲突并做出和谐有效的沟通管理，以及每天在阳光下自然醒来，通过运动来达到轻松快感，学会接通自己的经络，以及追求超越个人的情感联系，这种种方法，都能够让自己获得身心健康、和谐、愉悦发展，使生命充满积极正向的能量。

最后，我们再摘录本书后记中所写的神经学家达马斯奥博士的精彩智言，作为这一节的结语：**赋予我们生命深度和方向感的，是那些从人生意义的各个泉源里涌出的感觉之流，它们激活了我们的身体和感情神经元。因此，正是通过培育我们人性的这些重要而基本的层面，我们才可以最终释放所有人都与生俱来的力量：痊愈的本能。**

这种痊愈的本能，才是每个人身心健康、人生幸福的根本保障所在。

灵性智慧

写下这个题目，让我首先想起读过的一本小说 *The Lost Symbol*《失落的秘符》[①]。既然是小说，其事件和情节都"纯属虚构"，但书中所表达的主题却极其现实，它几乎就是当前一些社会迹象的真实展现。比如，里面提到一个"意念科学"概念，即一位科学家在研究意念科学，就让我颇感兴趣。大致意思是，人类心智尚有未开启的潜能，我们仅仅开发和使用了人类全部智力和精神的表层，如果能够正确地集中人的意念，就可以影响和改变物质实体。小说想通过一些严格控制的研究来表明，我们的思想确实能够与实体世界互动，不管我们是否知道这一点，它自始至终对世界的改变产生影响，甚至深入亚原子的层面。小说还举例说，2001 年，举世震惊的"911"事件发生后的几小时内，科学家们发现，当全美惊恐万分的人们聚集在一起并同时沉浸于悲恸中时，全世界设于不同地点的 37 台"随机事件发生器"的输出都突然出现了显著的随机性衰减，这表明，集体合一的心理体验、数以几百万计的人脑合力，影响了机器设备，梳理了随机应变量，令信息输出由紊乱变为有序。这应验了古人"天人感应"的信念——人类意识的大量聚合确实可以作用于物质实体，意识具有改变物质状态本身的能力，具有激励物质世界向着某个特定方向运动的力量。不仅如此，意念还是一种学习而得的技能，这

---

① （美）丹·布朗著，朱振武、文敏、于是译，人民文学出版社，2010 年版。

种影响物质自然界的意念能量还可以通过操练被增强，如同冥想，对“思想”的真正驾驭需要操练。而这正是现代科学与古代神秘主义之间缺失的环节。所以，人类要重新去找到“失落的真言”。

◎ 幸福使者的传言：“意念科学”虽然来自于小说的虚构概念，但已有多种迹象表明，我们的思想确实能够与实体世界互动，人类意识的大量聚合具有改变物质状态本身的能力，具有激励物质世界向着某个特定方向运动的力量。◎

以上这些是小说中的表达。我们或许不应将这样海阔天空的大胆想象当作现实，也不必去计较唯物还是唯心、物质第一还是精神第一的问题，但有一点迹象却是在现实生活中不能忽视，那就是越来越多的人开始关注到心的力量，越来越多的迹象表明，改变心的力量，确实可以帮助我们改变生活的实相，创造新的世界。一个人的心力便可以改变一个人的生活，那么，当这种心力扩大到一个群体合力，可想而知会对这个世界产生怎样的作用。如同当前社会显在的物欲化、功利化、自私化、竞争化价值观，当大家都去这样追求的时候，就会把这个世界中的许多“好人”也变成“坏人”，让很多人身不由己地陷入这样的漩涡，而汶川大地震等许多自然灾害中的大爱浪潮，则也说明这种正向能量的蔓延作用。就这个意义上而言，这种“意识超越物质”的力量是明显存在的。

◎ 幸福使者的传言：改变心的力量，能够帮助我们改变生活实相。一个人的心力可以改变一个人的生活，一群人的心力聚合便能够创造一个新的世界。◎

那么，这种能够超越物质时空的意识能量来自于何处呢？在展开比身心一体的情感能量更深度的灵性能量探讨之前，我还想简单地与各位分享一下自己的教育研究经历感悟。在长达二十多年的教育行动研究历程中，我一直在重复着一种有趣的现象，即每次在实践中会跳出一些直觉概念，然后再去网上或书籍资料中查找，就会找到共鸣契合的存在，很有一种英雄所见略同的惊喜感，或者哪怕当时没有，过一段时间就会出现，就像亲子教育、生活教育、全人教育等概念，几乎都是从我自己脑子里蹦出来，再慢慢就变成了后来社会发展中的现实热点。这种感觉很奇妙，有时就像玩穿越一样，似乎比许多人要早生活很多年，冥冥中知道这个世界接下去会怎样行进。当然，这种先行之思为我带来研究乐趣的同时，也造成了不少麻烦，就是当真理还不被人认知时，是很容易被当作谬误来批评质疑的，更何况我是以一位深入基层的草根研究者身份来提出这些先创之论，就更加免不了遭受各种各样的挫折打击。好在生命探究之路本身，让我越来越深暗人性之秘而日渐成熟坚定。特别是后来一而再地遇到一些国外专家的研究视点，竟然与我如此不谋而合，我才更加确信，人与人之间是有更高层的灵性智慧可以帮助我们超越时空，而“先知先觉”地同频相遇的。

这种灵性智慧，其实是一种直觉力，即无需经过任何大脑后天学习与推理而自然闪现的潜意识能量，所谓的“灵感”，便来自于这种能量。这种能量常常让人能够瞬间穿越现象、洞察本质，直接领悟到真理。这种直觉力其实人人皆有，只不过是各人能量有强弱，又用在不同领域，所以表现出来的形态结果就不一样，比如，有人天生擅长画画，有人无师便会舞蹈，有人具有某些方面的超级能力，就像《最强大脑》等电视节目中展现的那些民间达人那样，其实都是这种灵性智慧在不同领域的表现。

◎幸福使者的传言：灵性智慧是一种直觉力，即无需经过任何后天学习与推理而自然闪现的潜意识能量，这种能量常常让人能够穿越现象、洞察本质，直接领悟到真理。人人皆有这种灵性智慧，只是表现在不同领域。◎

那么，灵性智慧能量来自于哪里呢？这里，给大家介绍一下“松果体”的概念。当前，有一种观点思潮似乎越来越趋热，那便是所谓的“全脑开发”，说的是我们的大脑分为左右两部分，原来我们习惯于训练左脑，主要管语言、阅读、书写、计算等抽象思维部分，而其实右脑所管辖的图形、音乐、舞蹈、运动、手工、情感等这些直观形象的综合能力将更利于我们快捷方便地学习成长，因而要同时开发左右脑的全面潜能，尤其提倡在小时候，要注重多开发右脑功能，让孩子用直觉的方式学习。这些全脑开发理论中，便提到一个“松果体”的概念，即启动右脑思维，开发全脑功能，就是为了发挥松果体的功能——开启第三只眼。

根据百度解释，这“第三只眼”依托于人脑百会穴之下、双眉之间、印堂之后深处，西医言松果体，道家言天眼、佛家言识海的这么一处地方，相当于第七、第八识的存储处。并称“炼气有成者每日以气温养之，久而能视人身之气，人有五脏六腑，各属五行，开窍于五官，气华于面，因此能望其表而知其里，气机交感，因此能望其色而断其病”。也就是说，通过松果体，人是可以透过外在之表而看到内在之相的，因而，全脑开发技术才会玩那些蒙眼识字、照相记忆之类的“绝招”，不管有没有道理，我们都需要相信生命本身的神奇能量，只是需要有待进一步探究发现及科学验证而已。

其实第三只眼并不是现代人的科学开创，而是古已有之。生物学家早就发现，早已灭绝的古代动物头骨上有一个洞，起初生物学家对此迷惑不解，后来证实这正是第三只眼的眼眶所在。研究表明，不论是飞禽走兽，还是蛙鱼龟蛇，甚至人类的祖先，都曾有过第三只眼，只不过随着生物进化，这第三只眼逐渐从颅骨外移到了黑洞洞的脑腔内，不能直接观察五光十色的大千世界。但由于它曾经执行过人类第三只眼的功能，凭着它原来的一手“绝活”，仍然能感受光的信号并作出反应，例如人们在阳光明媚的日子里会感到心情舒畅、精力充沛，而遇到细雨连绵的阴霾天气则会情绪低沉、精神不佳，这一现象正是松果体在“作祟”。

◎ **幸福使者的传言：如何打开直觉力，拥有灵性智慧？放松自在、去知识化、去权威化、放下我执，是自我激发的有效策略。**◎

那么，怎样才能开启、增强、提升自己的灵性智慧呢？我不知道全脑开发技术未来可以发展到怎样打开人的松果体，市面上也有种种书籍和培训课程来教大家打开心灵、发展直觉力，但以我自身的经验体悟，以下几方面的因素可能影响到灵性智慧的发挥：

一是放松自在。这是指整个身心状态的准备。无论是身体的紧张疲惫还是心理的焦虑郁闷，似乎都会对灵性直觉力造成障碍。因此，要发挥灵性智慧，第一要义就是要让生命处于自由自在、放松愉悦的主动释然状态。而静心、冥想、打坐、瑜伽、音乐、运动等都是可以让人的生命放松下来、身心自在起来的方式。

二是去知识化。为什么现在的人读很多书、学很多知识，却并不见得有智慧，也出不了“大家”成就？在很大程度上是因为人们将知识当成了智慧，自以为懂得了许多深奥的道理，便可以推古论今、善为人师。但其实，有时正是由于过多未经实践体悟消化的死知识挡住了大道至简的灵性智慧之路。想要克服知识化的障碍，最好的方式是进入实践去体悟，并允许自己不知道。

三是去权威化。这是使人远离灵性智慧的更大障碍，它依赖于外在固化的力量，不相信自己的判断，总觉得只有经过大家认定的权威之言才是真理，而这恰恰就关上了灵性智慧可以出自于任何平凡之人的大门。因此，要想拥有灵性智慧，一定要放下权威崇拜、挣脱强力控制，完全以真性本心来直觉体悟，而将外在权威用以佐证自己认知判断的工具和依据，当与别人共鸣契合时，你会发现，哇，英雄所见略同！而若发现权威说的与自己不吻合时，就要存个疑问：为什么是这样呢？再探究下去，肯定就能将你带向那个真理所在之处。去权威化的一个基本支持，是要平等、真诚、开放地看待这个世界，建立深度自信。

◎幸福使者传言：去权威化的一个基本支持，是要平等、真诚、开放地看待这个世界，建立深度自信。◎

四是放下我执。在佛教里，我执是无明的同义语，是指人类执著于自我的想法、做法、人格等，这就容易形成一个人的缺点障碍，比如自大、自满、自卑、贪婪等，遇事非要证明自己的能干、强大、胜利等等，而看不到事情的真相，认识不到别人的存在和价值。这个大大的“我”之障碍挡在生命体与外在世界之间，自然是难以开启直通真理的智慧大门了。这也就是为什么，智与德会常常联结在一起，一个开放率真、心胸豁达的人，更易于接近灵性智慧，因而，智慧修炼最终是要练德行，最高的德行便是智慧，反过来也亦然。生命能量越高阶之人，德行与智慧之间就越畅通无阻。

◎◎ **幸福使者的传言：一个开放率真、心胸豁达的人，更易于接近灵性智慧，因而，智慧修炼最终是要练德行，最高的德行便是智慧，反过来也亦然。生命能量越高阶之人，德行与智慧之间就越畅通无阻。**◎

写到这里，想起一本据说全球销量几百万册的美国畅销书*A New Earth: Awakening to Your Lifes Purpose*《新世界：灵性的觉醒》[①]，这本书被美国著名主持人奥普拉惊为天书而在电视节目中大力推荐，就是因为它从灵性的角度揭示人类痛苦的根源，以及所造成人际关系的冲突，这是当前人类面临的最大危机，需要从意识深处觉醒，从小我障碍中解脱出来，不再受狭隘固化思想心智的控制，从而获得真正的内在自由。也因此，开启灵性智慧，不仅关乎我们生命能量本身的开发，更关乎整个人类的幸福和谐发展。我们迫切需要去经由自我灵性的激发改变，而去共同创造一个更简单、更开放、更美好的人类新世界。

①（德）艾克哈特·托尔（Eckhart Tolle）张德芬译，南方出版社 2012 年版。

创造力量

有了前面关于身心能量与灵性智慧的丰盛原料，接下来我们可以一起进入生命能量的最高盛宴——创造力之旅了。

我们何以要提倡生命文化，不仅因为生命是所有人生经历与幸福感悟的实然承载，更是整个宇宙智慧奥秘的鲜活展现。也因此，每一个生命体其实都是一个蕴藏巨大创造能量的智慧宝库，如果我们能够打开生命通道与自然宇宙意识接通，是真的可以创造出各种心想事成的能量的。这就像佛教中所说的：万法唯心造，诸相由心生。我们想要有怎样的生活，其实是完全可以经由我们自己的生命体与外界因缘和合而创造出来的。正是在这个意义上，我们倡导“生命高于一切”的以生命为尊贵、以生命为珍爱、以生命为感知、以生命为践行的生命创造文化。

◎ 幸福使者的传言：每一个生命体其实都是一个蕴藏巨大创造能量的智慧宝库，如果我们能够打开生命通道与自然宇宙意识接通，真的可以创造出各种心想事成的能量。生命高于一切，生命创造所有。◎

创造力被认为是人类特有的一种自主行为及高超综合能力，它能无中生有，用无形的信念与智慧去创造出有形的实相结果。这种神奇的创造力，到底是如何产生的呢？许多宗教认为是神创造了一切，且不论到底是谁创造了这个世界的起源，就凭我们这个现实生活世界的一切所见所闻所听所触，没有哪一样东西是可以离开具体的生命体而创造的，哪怕是承载万能之神佛的庙堂与圣经，离开鲜活生命体的劳动创造，也无法实然存在。因而，唯有人类自身，才是这个丰富多彩人间世界的真正创造者，创造力是人类生命的最高能量。

那么，人类的这种创造能量，到底从何而来？或者说，是哪些生命因素，决定了我们是否拥有这样高超神奇的创造力？以我的个人体悟，以下几大心智要素，对于创造力的发挥至关重要：

一是相信。“信念创造实相”，“我是一切的根源”。在生命中创造的力量，其实来自于一份全然的信心与动力，首先相信自己拥有这种内在的天赋与能力，同时还要明确自己要创造的是什么，并且相信这个外在目标一定会实现。当这种相信自己也相信这个世界的内外能量达成一种契合一致状态时，这个创造力才会被真正激发出来。对外在局势不加分析的盲目的自信，以及只依赖于外在条件的单一的相信，都不足以形成真正有效的创造力量。

◎幸福使者的传言：生命的创造力量来自于一份全然的信心与动力，当这种相信自己也相信这个世界的内外能量达成契合一致状态时，这个创造力就会被真正激发出来。◎

二是专注。创造其实是一种高峰体验，即全神贯注地将生命力量都投注到某项事件中，忘记了自我、忘记了存在，忘记了周遭的一切干扰，进入一种纯然、超脱、欢欣、满足的情绪状态，最大限度地摆脱了犹豫、畏惧、控制、索取等各种心理阻碍，而与所创造的对象融为一体。这种全然专注之心，才能激发真正的创造力量。很多人不易做到，不是因为他缺乏创造潜能，而是思想意念容易被内外纷扰，而造成注意力被分割离散，创造出的生命现象也就成了零乱的琐事，而非真正想创造的理想之境。

三是联结。创造不是空穴来风，而是将生命内在能量与外在世界能量场进行有效联通从而生成“无量之网”的历程与展现，是人类个体生命与整个宇宙的联结力量。如果我们以为自己与世界没有关联而处于自怜自艾或自傲自负的情绪中，我们就发不出联结一切万物的能量波频，也接收不到被整个世界所关注的同频能量，真正的创造力也不容易发生。只有意识到自己是世界的一部分，明白自己的生命与整个宇宙联结在一起，从而愿意张开怀抱去迎接一切的到来，主动对这个世界的发展负起心中的责任，才能掀起爱心与智慧同频共振的能量波，让整个宇宙的能量带动我们去实现个体生命的创造。可以这样说，一个人对外界联结的能量有多强，想要包纳社会责任的胸怀视野有多宽广深远，他就具有多大的自由创造能量。

◎◎ 幸福使者的传言：创造不是空穴来风，而是将生命内在能量与外在世界能量场进行有效联通从而生成“无量之网”的历程与展现，是人类个体生命与整个宇宙的联结力量。◎

四是探索。前面所讲的是创造对于心理能量的要求，当做好了这所有准备以后，接下来最重要的就是行动了。而创造行动，必须从探索开始，摸着石头过河，上天入地求索，这个过程无比艰难，但如华罗庚所言：“难也是如此，面对悬崖峭壁，一百年也看不出一条缝来，但用斧凿，能进一寸进一寸，得进一尺进一尺，不断积累，飞跃必来。”当然，探索也自有探索的乐趣，如同牛顿所说：“我好像是在海上玩耍，时而发现一个光滑的石子儿，时而发现一个美丽的贝壳而为之高兴的孩子。尽管如此，那真理的海洋还神秘地展现在我们面前”，一个既能够忍耐探索的艰辛又能够享受探索乐趣的人，才真正拥有创造的力量。

五是试错。在生命创造的道路上，从来就没有一试就灵、一蹴而就之事。而往往是千百次错误失败才能铸就一次成功的结果。因此，我们还要建立敢于试错、甘于试错的观念意识，并勇敢地投入到不怕失败、跌倒了再爬起来的持续行为之中。有人说，失败是成功之母，还有人说，反思是成功之父，确实很有道理，在不断试错的过程中，还要认真思考善于总结尝试失败的原因与改进措施，这样才能将一次次的试错经验转化为不断接近成功的创造结果。

◎ **幸福使者的传言：在生命创造的道路上，从来就没有一试就灵、一蹴而就之事。而往往是千百次错误失败才能铸就一次成功的结果。◎**

六是坚持。贵在坚持，简单的四个字，却道出了生命创造的真谛。确实，一切伟大的作品，都是靠坚持不懈的努力才会被创造出来。这种坚持心，靠的是一种生命的信念与创造的责任。即不管遇到什么困难挫折，都要认定自己所做之事是有价值、有意义的，还要抱持着一定要将心中的理想愿望创造展现出来的责任意识。只有以这样责无旁贷、心无旁骛的信念与能量去持之以恒地不断付出努力，才能最终获得"宝剑锋从磨砺出，梅花香自苦寒来"的创造佳果。

综上所述，创造不是某些天才人物的殊荣，而是每一个生命的潜在能量，就像呼吸一样为每一个人所拥有，而决定这种潜能能否被显化展现出来，则取决于自己的因缘动力有多强，行动力有多专注，坚持心有多久。如果做到了自我的永不言弃，那么，生命的创造力就会被源源不断地开发出来。

◎ **幸福使者的传言：创造不是某些天才人物的殊荣，而是每一个生命的潜在能量，就像呼吸一样为每一个人所拥有，而决定这种潜能能否被显化展现出来，就取决于一个人的信心、专注、探索与坚持。最终的创造硕果属于永不言弃之人。◎**

本章小结

整个宇宙是以能量方式存在并运作的，生命更是一种能量体。人有气而生，无气则亡，这个气就是能量。能量以频率的方式传播，按能量频率的高低不同分成三维，按能量的价值性质有正负之分。许多社会现象甚至人间悲剧，几乎都是人与人之间高低能量、正负能量之间的纷争所导致。掌握生命能量之秘，能够更好地帮助自己走出幸福人生的捷径，也能更利于找到能量同频合力去创出社会价值。

生命能量包括身心健康、灵性智慧、创造力量几大因素，它们各有奥秘：

一、身心健康

生命具有痊愈的本能，只要唤醒心灵的潜能，医治自己的情绪，放松自然的生活，用爱去与外界联结，就能让自己远离焦虑、恐惧、抑郁和压力，享受身心健康、愉悦的生活。

二、灵性智慧

灵性智慧来自于生命的第三只眼——松果体，是一种深层潜意识的直觉力，使人拥有先知先觉、领悟真理的能力，而让自己放松自在、走出知识化的局限、破除权威化的束缚以及放下内在我执，将有助于开启灵性智慧，创造奇妙人生。

三、创造力量

创造力是生命能量的最高盛宴，也是人间一切美好事物的由来。每个生命都具有先天非凡的创造力，重要的是相信自己的潜能，专注于所创造之事，联结外在万有能量场，并且敢于不断探索、不断试错，勇于持之以恒、不懈努力，那么，生命中的各种幸福风景，就会被心想事成地创造出来。

第三章 Chapter3

生命数字

人生是一条长长的幸福之链，而生命中不经意发生的各个意义点，便是串起这条多彩之链的一颗颗珠子，每一颗珠子都在整个人生之链中起到为幸福增色添彩或者转折警示的作用。对我而言，与生命数字学相遇并研习，便是一颗具有重大意义的智慧之珠，助我解答了人生历程中的诸多奥秘，令我获得无惑而未知的探究乐趣，还让我帮助到不少人。因此，尽管这个学问还不能得到现代科学的认同与验证，我仍希望将它作为一个能助人了解自己生命奥秘的有用工具，在此诚挚地介绍给大家。

根据我的理解，生命数字学是一种用数字来解读每个人的生命密码，以使人得以知己知彼，从而更积极主动、更精准无惑地把握人生命运的工具性学问。其创始人为以希腊数学家兼哲学家毕达哥拉斯为代表的数理学派，与塔罗、星座并列为三大神秘学，有着精准的预测性，与中国易经有着异曲同工之妙，被称为西方的命理学。它就像一把探索心灵的钥匙，帮助我们看清自己，发现潜藏在我们每个人身上的价值和能量，实现一个更好的自己；也帮助我们认识别人，更智慧地与他人相处。

◎幸福使者的传言：生命数字学就像一把把探索心灵的钥匙，帮助我们看清自己，发现潜藏在我们每个人身上的价值和能量，实现一个更好的自己；同时也帮助我们认识别人，更智慧地与他人相处。◎

或许正因为它带有“算命”之嫌，而不容易登上现代科学的大雅之堂，但以我个人十几年来的研习感悟，却认为它实实在在揭示了人作为一个宇宙生命体而存在的深度奥秘。宇宙间的每一个生命体，都各有其性、各有其轨，人类作为其中之一，也应不例外，而只要生命体存在一定的发展轨迹与规律，便一定有方法可以测量，也因此，在我看来，那些星座、血型、指纹等等，其实都是人类用以测析自身特色的手段工具。只是尽管它们存在已久，但因为人类一直将探究视点投注于外部世界，而发现了丰富多彩的科学世界，却忽视了自身才是最值得探究的主体对象所在，因而并未能真正从科学意义上重视这些工具的应用价值。近些年来，这些星座、塔罗以及易经、风水等中国命理学的逐渐升温，或许就表明了人类开始越来越注重探究自己的趋向所在。尽管这些学问还似乎无法用现代科学方法进行验证，但本着科学发展观的开放理念，我们不妨对此抱以认真求实的创新态度，来积极期待它的发展走向。当然，也要抱着理性质疑的态度，来保持一份清醒的觉知与观照，免得本末倒置，让活生生的人被工具牵着鼻子走。

◎◎ 幸福使者的传言：宇宙间的每一个生命体，都各有其性、各有其轨，人类作为其中之一，也应不例外，而只要生命体存在一定的发展轨迹与规律，便一定有方法可以测量，而那些星座、血型、指纹等等，其实都是人类用以测析自身特性的手段工具。◎

之所以推荐生命数字学，是因为它提倡的并非是“福祸在天”的宿命论，而恰恰是极其重视自我能动价值的生命创造学。它揭示的只是每一个人独具特色的天赋潜能以及可能性的生命路途，就像展开一张属于个人的生命地图，能够帮助我们觉知到正确的方向与路径，从而开启理性智慧与灵性能量，创造更好的正向生命，而不是用这个工具去定自己的终身结果。

正如同生命数字学所言：生命是用来体验和创造的，任何事情的发生都有它背后的美意。假如你想要赶上生命演化的快速跑道，就必须将人生的每个黄金片刻发挥到极致，并做到最好的运用——即我的生命我创造！从创造信念，到创造身体能量，再到创造天人合一的生命价值！

◎ **幸福使者的传言：生命是用来体验和创造的，任何事情的发生都有它背后的美意。假如你想要赶上生命演化的快速跑道，就必须将人生的每个黄金片刻发挥到极致，并做到最好的运用。**◎

让我们带着这样的积极、开放、探究之美意，开始一段有趣的生命数字之旅。

生命路途

毕达哥拉斯数理学派认为，数字具有精神上的意义，宇宙间的万事万物，都可以用数字来表达其中的能量，人的生命也是如此。一个人来到世上究竟是为了什么？各自要完成怎样的人生使命？一生的路途又是如何展开？在这一过程中会呈现怎样的特色？这一系列生命奥秘，都可以经由通过一个人的生日算出生命数字而得到解答。

这或许有些令人匪夷所思并难以置信，但这么多年的实证体悟告诉我，生命数字确实有那么神奇的精准“威力”——它似乎真的掌握着每个人的生命密码，懂得每个人的生命路途是如何展开，就像为每个人画了一张人生地图，可以给人以清晰的参照。

◎幸福使者的传言：数理学派认为，数字具有精神上的意义，宇宙间的万事万物，都可以用数字来表达其中的能量，生命数字就像为每个人画了一张人生地图，可以给人以清晰的参照，让人懂得自己的生命路途如何展开。◎

下面，我们来介绍一下如何计算并解读生命数字。

第一个生命数字的计算很简单，就是将出生的年月日单个数字相加（用阳历生日），最后得到两位数，比如某个人的生日是1973年10月4日，那么他的生命数字即为：1+9+7+3+1+0+4=25/7。这里的25代表这个人的天赋数，是由2和5的潜在能量组成，而7便是由2+5组成，即为生命数字（若得两位数再相加为个位数），代表一个人此生的目的，显示了其一生学习的主要课题，形成一个人一生的背景和道路，从生到死，我们将一直走在这条特定能量成长的道路上，一生所经历的各种内在历练，便都与这个数字能量有关。

◎◎ 幸福使者的传言：生命数字代表一个人此生的目的，显示了其一生学习的主要课题，形成一个人一生的背景和道路，从生到死，我们将一直走在这条特定能量成长的道路上，一生所经历的各种内在历练，便都与这个数字能量有关。◎

经常有人会问，这样算出来到个位数，总共只有9种人，难道这么多人的命运都一样吗？这个问题问得好，如果真是一个数字能够定终身的话，那么，生命数字学就是不折不扣的宿命论了。恰恰相反，这个生命数字，只是代表了9种表达生命能量的人生地图，而至于每一个人会怎样走、走成怎样的生命路途，这就完全取决于个人了。这就像我们的旅行，地图是一样的，可供选择的路线也就那么几条，但哪怕是一起组团走完全一模一样的路线，每个人的旅途收获也是不一样的。这个通过出生年月日计算出来的整体生命数字，便就相当于是一个人整个一生中的总路线图，每个人都走在这条与自己相关的特定生命路途上，在体验这个特定生命旅程的同时，也在通过这个特定生命能量的发挥而为社会创造着各种各样的风景。

为了让大家更加具体直观地理解这个生命数字与每个人的关系，接下来请允许我一边分析各个数字的能量特点，一边列举一些大家所熟知的公众人物来具体解读，以便于大家更好理解参照。我知道，这样的做法或许有悖世俗习惯认知，但在生命面前人人平等，而在科学探究面前，人人皆可成理性样本来作出贡献。

一、生命数字 1

先从 1 开始。中国道家曰：一生二、二生三、三生万物。这句话的深意，与生命数字有异曲同工之妙。1 代表阳性能量，表示独立、自我肯定、自我中心、开始、原创、领导力，是发射出去的能量，不易接收。如果 1 的能量过多，就会表现得自负，而若不足就表现为退缩。人生的修炼就在于走好自己的正向路途，能量平衡释放，不多也不少。

如果你自己算出来的生命数字是 1，那么，恭喜你，先锋开创的引领大任，已荣耀地降临到你的生命之路，在你面前展开的，是一条追求独立自信的极限路途，你的关键语句是："先问我！"

下面让我们列举乔布斯作为所有 1 数人的生命楷模来进行细致分析。

先来看乔布斯的生日 1955 年 2 月 24 日，加起来是 28/1。前面两个数是他的天赋数，2 代表接纳合作的关系能量，8 代表规划整合的商业能量。这是助他发挥 1 数生命能量的两大支柱。每个人都要学会运用好自己的天赋数，来顺利成就自己的天命之路。而一个人只有走上自己的天命之路，才能完全充分地发挥好自己的天赋能量，这两者是相辅相成的互促关系。正是在这个意义上，每一个人只要走对路，都是能够很好地发挥自己的潜能特长的，所谓“天生我才必有用”。

好，来看 1 数人的天命之路。“我来到这里是学习如何成为独立个体和自我信赖”，1 数人渴望独立，需要个人成就，想要证明自己，一生都走在这条路上。也就是说，1 数人做什么并不重要，重要的是要有自己的大舞台可以耀眼闪光，有很多的粉丝追星捧场，他要成为那个无可超越的 NO1！这一点，乔布斯无疑给自己的生命交了一份完满的答卷！

1 数人名言欣赏：你的时间有限，不要浪费于重复别人的生活，不要让别人的观点淹没了你内心的声音。只有那些疯狂到以为自己能够改变世界的人，才能真正地改变世界。——乔布斯

正如大家在乔布斯身上所见，1 数人是天生的领袖，他们具有独立的思维与开创性的天赋，拥有原创开发、发明革新的特长，他们总是雄心勃勃、充满自信，对自己所做的事充满热情，具有很强的勇气与胆量，凡事喜欢按自己的方式行事，不轻易相信别人，也不在乎别人，希望别人都听他的，容易独断专行，而且讨厌例行公事，总想要快速完成任务。

1 数人总是很忙，有事忙于追求目标，无事忙于寻找目标，喜欢标新立异，不愿步别人后尘，而且对品质要求很高，希望自己的东西是独一无二地卓越。我记得在介绍乔布斯的一个资料里，有过对比尔·盖茨的评判，他觉得微软产品实在太老土，一板一眼，没有美感。而其实，这就是作为1数人的乔布斯与作为4数人的比尔·盖茨之间在生命诉求及路途选择上的区别。对于4数而言，只要有实实在在的发展就好，是否好看精致，这不在4数人的率先考虑之列。而1数人不同，如果他不能做到一鸣惊人、无人超越，他是决不肯善罢甘休的。也因此，如果想要创造出卓越的产品，请给一个正向的高能量1数人委以这样的重任，然后，等着打开聚光灯，在众星捧月之下，将大把的鲜花献给他，因为，被人认可的注意力聚焦，是1数人的维生素，是支持他一生感觉成功与幸福的核心营养所在。

◎幸福使者的传言：对待1数人，最重要的是关注他、肯定他、欣赏他，把创造卓越产品的任务交给他，然后等着打开聚光灯，在众星捧月之下，将大把的鲜花和荣誉献给他。◎

1数人虽然具有成为领导者的潜能，但在成为领导者之前，有时不得不做一段时间的执行者，这对于1数人是非常难熬的考验。当1数人的潜能没有被正常发掘时，就暴露出其负面的特质，表现为对人充满依赖，或者对现状不满，长期自负。在这个负面曲线的强势上，还有可能自私自利，极其任性。面对这些负面能量，1数人一定要注意避免太专横和过分苛求，要学习谦虚，试着敞开自己，去相信别人，多与人沟通互动分享。而如果要与1数人合作，一方面要尽可能地肯定他，建立其自信心，另一方面，又有给予他独立的舞台与空间，让他自由发挥，以满足他的生命价值需求。

对于1数人的忠告是：真正的领导者会致力于改善追随者的生活。只有当1数人能够将自己的独立能量与追随者的幸福发展结合在一起，他便能够真正成为受大众爱戴景仰的耀眼明星。所以，1数人的人生功课，便是如何做到既独立自信，又不唯我独尊这两者的平衡生命。

◎ 幸福使者的传言：给予1数人的忠告是：真正的领导者会致力于改善追随者的生活。只有将自己的领袖能量与追随者的幸福发展结合在一起，才能真正成为受人爱戴的耀眼明星。◎

二、生命数字2

很显然，2数紧随1数其后，代表阴性能量，表达依赖、接收、敏感、直觉、合作、二元性，是容纳进来再反应出去的能量，是能够软化情绪的能量，是顺流顺势又有自我意识的能量。2数能量过多就会依赖顺从，随波逐流或过度情绪化，不足则会表现出对抗、讨厌情绪，逆流而行。2数人最大的困难是依赖别人的评价来肯定自我，关键语句是：“你决定就好！”这一点，正好与1数人的特立独行相反。

“上善若水”这句话可以表达2数生命的人生极致之求。“我来到这里，是学习发展阴性能量及合作，我能够以温柔、敞开的方式来回应任何发生在生命中的事，且不予反弹或崩溃”。2数人是社会中的一个调解者，是折中和协调的大师。处于这个角色，2数人往往交往能力很强，善于沟通协调，能够倾听和采纳别人的意见，具备极佳的分析辨识能力，很能解决人际关系问题。但因为本性兼具二元对立的特性，容易执著于对错的答案，也具有和谐与公正的能力，能够和解争端。2数人的思维是直觉型的，比较前卫、理想和富有梦想的，具有成为深度思想家的潜能，能理解许多生活中的神秘事物。2数人对人真诚，能看到别人的正面，愿意为人尽最大的努力。在团队中，他们往往喜欢利用说服的技巧而非强迫的方式来打造天下，而礼貌和机智也使他们能够同他人随和相处，并在团队中胜人一筹。2数人十分享受亲密关系，总是希望有伴，但又容易挑剔伴侣。

◎幸福使者的传言：2数人来到这里，是学习发展阴性能量及合作，“我能够以温柔、敞开的方式来回应任何发生在生命中的事，且不予反弹或崩溃”。正向的2数能量是一棵有根的柳树，既有较强的自信坚定又能随风飘柔地顺应。◎

检验2的能量在于看他有多开放、多坦白。硬2的人往往对什么都说不是，这是因为没有自己的立场。“我怕感受伤痛，所以就把自己封闭起来，这样就连幸福快乐也都一起拒绝了。”因为害怕自己是弱的，所以就做出逞强的样子。

正向的2数能量应该是一棵随风飘柔的有根的柳树，既能顺应又具有较强的自我意识。若自我界限不分，就很难去观照内在的自我，内在就会显得很空洞。因此，2数人有情绪紧张的倾向，有时会变得过分敏感，在表达好恶时容易显得狂躁，容易被人认为是极端主义者，使周围人不容易适应。2数人所面临的最大障碍和困难是冷漠无情的被动状态，做出决策并且适应生活对2数人是一种挑战。

2数人往往刚柔相济、同时具有阴阳两极特征，容易在极度信赖及极端独立之中游离。因此，2数人最重要的课题是不要过度依附他人，试着在信赖与独立之中平衡取舍。

介绍到这里，可能很多人都会认为，2数人没有领导力，如何取得事业的成功？其实，每一个数字能量，都能在一定的时代格局里让自己的生命创造独特的精彩风景。1961年8月4日出生的奥巴马，就是一个29/11/2，这是一个卓越数，也称大器晚成数，是因为他们的2数路途由两个1组成，即先要发挥双倍的独立性和领导力，再发展合作顺应的能量。当然38/11/2、47/11/2也一样，只不过各自所用的天赋数不同。29/11/2的人看起来最为亲切，因为天赋中有2的柔和顺应能量，又有9的善解人意能量。奥巴马之所以能以黑人种族身份任美国总统，不仅是他个人生命能量魅力的展现，或许更与这个时代美国需要从独立霸权走向和平合作的趋向有关，所谓时势造英雄、英雄应时势便是这个道理。只是美国天生的自由霸道能量（美国的生命数字是5）与奥巴马的和平合作调停者能量如何合一发展，或者后面又有谁来把美国这个唯恐天下不乱的5数霸权能量带向真正自由、平等、和平的正向路途，我们拭目以待。

◎幸福使者的传言：自由与和平，如何协调？独立与合作，如何平衡？这或许是摆在当代美国领导人面前的一道生命能量挑战难题。◎

最后介绍一下对于2数人的忠告。2数人的人生课题是依赖的极限。因此，他们最重要的是要找到可以完全依赖的人，营造一个以坚定强固的感情关系为基础的人生。另外，2数人容易拖延对事，因此，对于2数人的另一个忠告是：一个明快的决定，不管对错，都要胜过拖泥带水。

◎幸福使者的传言：对于2数人的忠告是：一个明快的决定，不管对错，都要胜过拖泥带水。◎

三、生命数字3

一生二、二生三、三生万物。如果说1代表男性，2代表女性，那么，当1和2相遇，会发生什么呢？对，他们会谈恋爱，会说个没完没了，会享受在一起的开心喜悦，还会创造新的生命。生命数字3，就是这样一种阴阳结合、享受喜悦的能量，代表表达力、开心、任性、创造力、社交性，是身、心、头脑和谐运作，“与自己喜欢的人与事热恋”。3数能量过多，就兴奋、爱表现，很HIGH；若不足，就会显得闷、沉重、枯萎感，不合群。而正向的3，却像天真可爱的小孩子一样，给人带来一片阳光，而且极富创造力。

“我来到这里，是学习找到真正喜欢的东西，学习有创造力地表达并得到喜悦”。这便是3数人的生命路途。他们的关键语句是：“我知道我要什么！”

◎幸福使者的传言：3数人来到这里，是学习找到真正喜欢的东西，有创造力地表达并得到喜悦。◎

3数人是带着具有独创性的表达能力来到这个世界上的。其特点是热情友善，聪明伶俐，性格阳光，心态开放，乐观处世，十分健谈，知道如何让别人感觉自在，能带给人和谐、美好、愉快的喜悦感觉，能为大家带来快乐，为世界创造美感，容易在任何场合都受欢迎。3数人就像个任性的孩子，喜欢开心好玩的事，容易过得充实，并有很好的创新技能，在发现、创造、鉴别美的事物方面具有独特天赋，并且善于沟通。但容易经受大起大落的情绪变化，情绪高涨时，心境如天堂一片灿烂，而情绪低落时，则如堕地狱。但这一面，往往只有最亲密的人才能感受到。3数人常常把阳光灿烂的笑容留给公众，而把真实的情绪向自己身边的人发泄。

在3数人随和安逸的假象背后往往有隐藏的另一面，即实际上很敏感，爱面子，自尊心强，对自己不满意，又不愿意面对批评，往往很能讲别人，却不轻易触及自己的情感，当受到伤害时，很容易在一段时间保持郁闷和沉静。但3数人又很能应付生活中出现的许多挫折，能直率地承认问题的存在而不是让问题缠绕自己更长时间，能很快地从挫折中站起来。

3数人的人生功课是理想的极限，或者说，他们喜欢创意，追求浪漫的梦想。我曾经在一个电视节目片头中看到马云咧嘴一笑的镜头，怎么看都觉得他像个调皮可爱的顽童3，一查他的生日，1964年9月10日，果然是个30/3，怪不得他把阿里巴巴企业搬迁都玩成了“阿牛过江”的创意，还把阿里集体婚礼都折腾得极是热闹好玩。有一次我竟然梦见去他企业，整个一个幼儿园般的场景，充满了孩子似的新鲜好玩创意。而另一位3数人周希俭的生命特质表现，也让我印象深刻，因为对他创立的道和系统感兴趣，我随邀去参加了一次他们的企业年会，那些直升机、电影什么的大事业都未能吸引我，他在晚会上短短几十分钟的即兴演讲却令我折服，记得其中一句话：做梦要不要钱？不要。既然梦是免费的，不要钱，那我们就把它做大，不做白不做，做了一定不白做！大致是这样的意思。令人叹服的是，这一番话，是他带着醉意上台发言的，却是极富感染力，从他的生命魅力展现中，你不得不由衷地相信那个晚会的主题：梦想的力量！

当然，3数生命的最高楷模则是我们的国家主席习近平。他提出的中国梦、他的“治大国如烹小鲜”的姿态，以及在中华民族文化复兴与国际交流等各个方面的治国方略，都体现出他浪漫而务实、坚定而开放、亲和而理性的生命正向极致能量。

3数人名言欣赏：**这样一个大国，这么多的人民，这么复杂的国情，领导者要深入了解国情，了解人民所思所盼，要有“如履薄冰，如临深渊”的自觉，要有“治大国如烹小鲜”的态度，丝毫不敢懈怠，丝毫不敢马虎，必须夙夜在公、勤勉工作。——习近平**

正因他是这样的3数高阶生命，所以我无比信赖他提出的“中国梦”宏图大略，这不是个人矫情，不是概念口号，而是站在他的生命意义上的真性表达与理想追求，而经过三十几年市场经济物欲浸染的中国，也确实需要以这样的中国梦想来引领全国人民重新梳理方向、激励心灵，以梦想之力去走出新的精神绿洲！也因此，我还有感而发，一气呵成自己的前半人生自传书《痛并幸福着——一个独立研究者的寻梦之旅》，终于将个人的寻梦探究历程与一个国家的发展趋向完全地整合在了一起，而有了同呼吸共命运的一体感，写完这本自传，便觉得终于对前半人生的艰辛求梦探索之旅有了安然的交代与释然的放下。

好，再回到3数人的生命路途。对3数人而言，或许最重要的是去找到自己到底喜欢的是什么。当真正找到自己喜欢的事时，就会把创造力发挥到极致，并真正走在实现梦想的天命之路上。但当现实环境不允许时，要学会弹性修正自己的理想。还要学会如何去有效的控制自己的情绪高潮和低谷，避免逃避现实，或不耐烦，不宽容，或者过分乐观。

◎◎ 幸福使者的传言：对3数人而言，最重要的是去找到自己到底喜欢的是什么，当真正找到自己喜欢的事情时，就会把创造力发挥到极致，并真正走在实现梦想的天命之路上。◎

最后再奉上对于3数人的忠告：世上没有绝对的完美，珍惜眼前拥有的东西，并且将它发挥创造到极致。

四、生命数字4

当在生命数字的课堂上学到4数时，导师曾这样打比方，当一个男人和一个女人相遇，谈了恋爱后，他们接下来会干什么？对，创造新的生命。但这个生命，却是真真实实的存在。它不同于两情相悦时可以浪漫自在地憧憬着两人的爱情结晶"鼻子像我一样挺、眼睛像你一样大"，而是如如实实地摆在了面前。因此，紧跟浪漫美妙的3数能量之后的4数能量，便代表着一种回归自然的实相能量，即表达真实、存在、安全感、稳固感，也代表工作、组织架构，即要实实在在地面对与接受。4数能量过多就会沉重、固执，硬邦邦、程序化，像城堡一样，没有弹性，不会变通。而若不足，就会显得虚幻、懒散，东西乱七八糟，不懂得约束自己，做事靠不住。4数人最大的困难，就是不安全感的困扰，总想让事实更好些，想要去改变，却又容易陷入“在向内的黑暗中丢失的东西却要向外的光明中去寻找”这样一种不立足于实相的生命误区之中。

因此，4数人来到这里，是为了学习建立内在的安全感并透过工作去学习。这是所有数字中，唯一要通过工作去学习的，其最高境界是禅的路途，即饥则食，困则眠，渴则饮，安于当下，接受一切的存在。

◎幸福使者的传言：4数人来到这里，是为了学习建立内在的安全感并透过工作去学习。饥则食，困则眠，渴则饮，安于当下，接受一切的存在，这种禅的路途是4数人的最高境界。◎

4数人往往讲求实际、沉着稳重、条理清楚，具有很强的自制力，喜欢按程式和规则做事，能化繁为简，具有执行命令的能力并且坚定不移，一旦做出决策，就贯彻到底，因此4数人是有理性、可胜任的经理人选。4数人天生具备让事物更安全稳当的能力，能如实看见事物的样貌，实事求是，让人感到诚信而值得信赖，和别人一起合作会给人舒服和安全的感觉。因此非常适合从事必须讲究信用与可靠、注重安全的行业，或者重复性高，别人也许觉得枯燥的工作。例如保险业、银行、证券金融业、医疗业、财会、工程机械、电脑业、经理人等。4 数人不管在哪个位置上，他总是像对别人的要求那样严格要求自己，有时甚至更严格，因此与 4 数人有冲突时最好是按他的方法去做，然后用事实去证明它。

◎◎ **幸福使者的传言：4 数人注重眼见为实，因此与 4 数人有冲突时最好是按他的方法去做，然后用事实去证明它。** ◎

4 数人属于社会的建造者，是卓越的组织者和计划者，其中的精英很可能成为领袖。事实上，4 数人是最适合从事行政管理工作的，因为会很理性、很务实，容易将政策法规执行到位，而不会自由变化。我的朋友中有不少 4 数人都担任着各级机关领导干部的职位。而最高的 4 数行政管理楷模当属胡锦涛主席。我没有查到过他的生日，但当时课堂上导师说过他的生命数字是 4，而从他的提倡“和谐发展”、“维稳治国”方略中，还是能够感受到这种 4 数的稳固建构能量。

当然，4 数人也是财务管理的一把好手，他们不会天花乱坠地创造，却很擅长于脚踏实地地经营敛财，就像比尔·盖茨一样（生日 1955 年 10 月 28 日，生命数字 31/4），尽管他的微软产品不如乔布斯那么精美卓越，却能够步步建构成世界首富，这便是 4 数人的能量极致展现。4 数人只要有足够的耐心和决心，坚韧不拔持之以恒，步步为营踏实积累，就能在事业中成大气。

4数人通常看起来比较严肃、焦虑、固执，身体也比较紧张，缺乏安全感，若不懂得放松，就会活得很辛苦。4数人还容易过度教条，气量不大，颇有压抑。

对于4数人来说，重要的是认清安全感的真正来源是来自于内心而不是外界，要设立更崇高的工作目标。具体而言，要善于建立安全感营造安稳牢靠的感觉，需要找到方法去改进事物，需要澄清问题所在并确保解决问题的品质，还需要财务上的安全感。

◎幸福使者的传言：对于4数人来说，重要的是认清安全感的真正来源是来自于内心而不是外界，要设立更崇高的工作目标，并且要敢于变化。因为不尝试新事物就无法获得成长。◎

4数人一生必须学习的课题，就是如何忠实于自己内心的人生目标，在建立外在安全感的同时找到内在真正的安全感所在，并且要敢于变化，因为不尝试新事物就无法获得成长。因此，4数人要在稳固与变化之间获得平衡的安全感。

五、生命数字5

当一个新生命诞生，你看到他的真实、自然、稳固的存在时，你还能感受到他的什么特质？是生命的活力！那种自由自在、想干什么就干什么的生命活力！这便是5数能量。5是生命的动力，表示自由、自发、活在当下，全然地去释放生命活力，不受理智、观念的控制，也表示冒险、新奇以及矛盾和恐惧。5是一个完整的能量，很自在，很全然，容易与宇宙沟通。5也代表性能量，性能量若得不到释放和满足，则生命能量就会受限。若情绪积压，易得皮肤病或脑颅疾病，许多年轻人脸上长满痘痘，在很大程度上便是5数能量得不到完全释放的原因所在。5数能量过多便会过于冒险、放纵，并满足于感官享受，吃喝太多或者性欲放纵，而若不足，则会不敢开始，活在恐惧之中，作茧自缚，充满矛盾。

5数人来到这里，是为了学习拥抱恐惧，以及如何自由、完整地释放自己的能量。“我是活力充沛的，并且根植于我的能量。我的人生是一个接一个的冒险。”正是因为所有的冒险都带着恐惧，所以5数人的内在语言是“我想做……但我怕，我还想做……但还是怕”，而解决这一问题的关键之举，便是“拥抱恐惧一起跳舞”，学会完全地接纳恐惧，与它在一起和平共处，恐惧便会自然消失，而使5数生命真正地获得自由和全然的正向能量。

◎幸福使者的传言：5数人来到这里，是为了体验如何自由、完整地释放自己的生命活力。“我的人生是一个又一个的冒险”。要学习拥抱恐惧一起跳舞。◎

5数人追求自由自在、无拘无束，喜欢新奇冒险，注重感官情趣。

5 数人也具有高度的进取心，能够持续地寻求变革和进步。5 数人是“睡火山”，有很大的内在能量，是一个很好的沟通者，知晓如何激发周围人的智慧，是天生的推销家，这种销售和激励的才干能渗透到各个方面，甚至是思想观念。他们很关心与平等、自由、政治有关的议题，很能在这些范畴里表现优秀。而且才华横溢、无师自通，很善于应付三教九流的人，不但能与所有人沟通顺畅，还能使对方言听计从，人很风趣，喜欢学习新知，口才一流，善于用语言表达情感，比如演讲，能在谈笑间轻松说服别人，写作也通常不错，还特别能发挥政治手腕，能够挺身争取自己的权益，勇于战斗，这些或许都是 5 数人最强的、最有价值的能量特性。

在这个数字能量上，我们的伟大领袖毛主席，应该是极致代表。他的生日为 1893 年 12 月 26 日，是 32/5。毛泽东身上几乎具备了 5 数能量的所有特质，他的治国历程，也恰是他的冒险人生的极致展现。前面说，5 数人是睡火山，具有连接宇宙的能量，越是形势逼迫，越能够激发出 5 数人的巨大内在能量。也因此，在革命战争年代，他能够创造出万里长征、游击战术等等这样的奇迹，也能够表现出“一切帝国主义都是纸老虎”“人定胜天”这样的豪壮气概，从而以弱胜强，带领共产党和全国人民建立新中国。可以说，正是革命战争年代的历史时局呼唤了毛泽东的英雄上马，而毛泽东的 5 数能量又成就了新中国的胜利实现。

5 数人名言欣赏：不但要团结和自己意见相同的人，而且要善于团

结那些和自己意见不同的人，还要善于团结那些反对自己并且已被实践证明是犯了错误的人。团结一致，同心同德，任何强大的敌人，任何困难的环境，都会向我们投降。——毛泽东

但是，5数人的缺点也容易让他成败不定、毁誉参半。正是因为喜欢冒险的能量主宰着5数人的生活，无论是在精神上或是体力上，所以，5数人常常充满变革的激情，喜欢与天斗、与地斗，唯恐天下太平无趣，因而喜欢想出各种花招来释放自己的火山能量，这也就造就了新中国成立后从“大跃进”到“文化大革命”的一连串动荡历史。因此，与5数人合作，一定要注意控制其底线与边界，避免无法无天地冲动折腾而造成不可控的损失。我身边有好几位做企业的5数人，就是因无视现实条件、盲目地激进扩张，而陷入很大的事业困境，他们会用几百万元的资金去做几千万元甚至上亿元的投资生意，稍不留神便容易陷入沼泽地。

5数人还有一个缺点，就是因害怕自由受限而不愿意负责任、不愿意守纪律、不愿意做出承诺。他们的关键语言是“再看看吧”，因此，他们常常才华横溢，却不太有定性，喜欢变来变去，容易贪心不足，可能会在没有完全结束一项工作时就喜新厌旧、移情别恋，而且不太顾及别人的感受，也不太愿意为别人而付出。因此，对于5数人的忠告是：唯有透过负责任与牺牲，才可能实现目标。

幸福使者的传言：对于5数人的忠告是：唯有透过负责任与牺牲，

才可能实现目标。◎

六、生命数字 6

当一个生命有了自由自在的全然活力后，接下来要发展的便是用心去与人联结的爱的能量了，这就来到了 6 数人生。6 是心的能量，是关于怎样去得到爱以及付出爱的，也是关于责任和完美，以及牺牲自我、做好人，为家庭服务。6 数能量若过多，就会表现得殉道、多付出、奴性尽责，总是要表明自己的完美标准；而若不足就会不愿付出、不负责任、不管不顾。6 数人最大的困难，便是从心出发，即如何从内在的真爱出发，而不是那些所谓的责任。

6 数人来到这里，是为了学习无条件地付出爱及用心去生活，通过负责任及服务他人来找到乐趣。“我知道唯一可以让我无条件给予、爱别人的方法，就是爱我自己并且为我心中的真理负起责任。”6 数人生课题，是责任感的极限。

◎◎ 幸福使者的传言：6 数人来到这里，是为了学习无条件地付出爱及用心去生活，通过负责任及服务他人来找到乐趣。“我知道唯一可以让我无条件给予、爱别人的方法，就是爱我自己并且为我心中的真理负起责任。”◎

6 数人是作为爱、真理、正义和专心于家庭服务的化身来到这个世界上的，他们信仰爱情、追逐爱，深爱对方远甚于自己，有时甚至会把对方爱得窒息，为了爱会无止境地自我牺牲，作茧自缚爱到心碎。6 数人有天生的父亲或母亲的味道，富有同情心，善解人意，对人和物都慷慨大方，对于生活的态度充满人之常情，把家庭、亲戚、朋友都看做是你生活中最重要的部分，愿意挑起重担，有需要时就会挺身而出，义不容辞地热情服务或支持帮助，却总是有所祈望，即要得到相应的感谢与回报。6 数人喜欢按自己的标准去指导别人，但又容易使别人感到压力而想要逃离。很多时候他所做的就是为了维持一种关系，会不切实际地把责任扛上肩。因此，6 数人往往因得不到完美的期望回报而受伤，很多的伤都来自于朋友和亲人。6 数人对情感往往忠诚专一，是爱情的守护者，若发展得好，就会很重视家庭、很有责任心，但也容易陷入根深蒂固的保守信念或有专横独裁的倾向，特别会落入对人不满的境地，对自己也十分刻薄。而浮华夸张、自以为是也是6数人容易出现的缺点之一。

6 数人有美感，喜欢美的事物，总想把事情搞得美一些，以符合自己的完美标准。另外，6 数人的想象力很丰富，点子也不少，尽管容易付出过多，但都出于真心诚意，这也使得 5 数人能够胜任各种服务性质的工作，并适合从事文化、艺术、教育等与人文、美学相关的工作。

6 数生命的极致代表，当数万人迷的香港演员张国荣，生于 1956 年 9 月 12 日，是 33/6。我对电影没有研究，也不会追星，但还是从张国荣身上感受到这种丝丝入扣精微表演、多才多艺完美形象的6数特质。而他的去世，则更令人欷歔感慨6数人为爱所伤、为情所困的生命障碍。

6数人天性追求完美之爱，渴求鸳鸯一样美好的爱情生活，但他们对于这种爱的模式又是合约式的，也即是希望自己付出去的爱是一种回报，因而常常会带来关系上的冲突，期望越高越容易失望，并常常生活在责备与被责备之中。正是因为这种对于爱的渴求过于执著，6数人往往拥有一颗易碎的玻璃水晶心，“6数人生是一连串令人心碎的故事”，因而他们很容易被忧伤笼罩，感觉无望，许多6数人曾经尝试过自杀，有些因看不到解脱之道而承受着心理问题及生理疾病的磨难。

◎幸福使者的传言：真正的爱，不是关系，不是占有，不是期望回报或交换。爱是甜蜜，爱是温暖 ，爱是完全放松地在一起，你消失了，我消失了，而我们出现了。◎

6数人必须学会从心出发去付出爱并接受爱，而其前提，便是正确地认识爱，让真爱归位。在生命数字课堂上，我曾经被导师关于爱的解说感动得落泪：爱是包容，是想拥有对方身上的那个特质而不是占有它。爱是甜蜜、爱是温暖，爱是完全放松地在一起，你消失了，我消失了，而我们出现了。爱不是关系，更不是期望回报或交换。如果没有期望，也就没有希望和受伤。这样的爱是要有能力的。首先要爱自己，然后就会由自然释放的爱而得到爱。从灵魂的角度讲，越早沉浸于爱每一个人，就越能呈现生命的能量。

6数人的课题是要学会平衡关系，学会照顾好自己才能享受到圆满的爱。就像那句忠告所言：先解决自己的问题，再谈解决别人的问题。

七、生命数字7

解决了从心出发的真爱连接问题，接下来该是发展理性智慧能量了，这便轮到了7数上场。7是来自头脑的能量，关于智慧、静心、单独、细致以及质疑、分析、知识、冷漠等，因为理性，所以才会显得冷漠，不易为情感所动。7数能量过多，会显得过于知识化、自以为是、用脑过度，而若不足，则会显得愚蠢、不爱思考、孤立、内向。其最大困难在于，因为知道而不去经验，常执著于用“弄明白”去代替体验，所以灵性发觉的门便会不知不觉地关上，难以从死的知识真正转化为活的智慧。

智慧不是来自于头脑的东西，不是外在现成的知识，不是根据旧有的知识经验去判断，而是真正地明白，是根据当下去反应，通过头脑、经验、感觉的和谐运作而真正地明白，并获得静心。智慧存在于“松果体”中，是通过“单独”而发觉的。“孤独是别人的不在，单独是自己的存在。”

幸福使者的传言：智慧不是来自于头脑的东西，不是外在现成的知识，不是根据旧有的知识经验去判断，而是根据当下去反应，通过头脑、经验、

感觉的和谐运作而真正地明白，并获得静心。◎

人们在成长的过程中人们会不断地用脑，但真正的英才是懂得让头脑放松休息的人。静心可以让头脑放松，以发现真正的自己。所有的静心都是从情绪发泄开始的，若情绪积在身体里，就不可能达到静心。

7也控制着人的细致。过多就过于细致，不足就会显得粗心。

好，现在我们来看看7数路途。7数人来到这里，是为了聚合智慧的。他们带着研究分析和敏锐观察的天赋来到这个世界的，喜欢探究原因找出真相，对宗教、灵性容易感兴趣。他们是头等的思想家，对局势的评估极为迅速而精确，常常会有灵光一现，但又常常执疑，总在脑中进行分析，灵感常被经验所困。7数人的强势反映在深度思想上，能一眼看穿事情问题的所在，也会十分依赖自己的经验和判断，内在的强烈直觉会使他们把自己当成法律，而不愿意接受他人的建议与假设。一旦自己决定的事情，几乎就不可能改变，7数人很少接受变革，并且在工作中容易追求精细完美，并期望别人也都能够表现出色。而且从来都是诚实地说出对别人的意见，这也让经不起批评的人难以消受。

7数人心灵诚挚平和、泰然自若、富有教养，但却与他人保持着谨慎的联系。他们不是那种具有很大朋友圈的人，但是只要接受了某个人做朋友，就会成为终生挚友。7数人在把自己的一切交给他人之前一定要对他有更深刻的了解。他们不容易陷入情感，但一找到梦中人便会爱得死去活来。

7数人喜欢独处，远离熙熙攘攘的现代生活，厌烦拥挤、噪音、分心和混乱，需要有自己的宁静时刻用来思考和遐想。一般对俱乐部和各种组织不感兴趣，在人群中态度超然，不太容易成为社会型人物。

7数人的缺点是，他们有可能变得极其悲观、懒惰、好争、诡秘。如果不能平和地生活并从中积累经验的话，7数人就会显得很难相处，不会体谅别人。他们可能认为这个世界总是欠自己点什么，或者说在某些方面没有得到公正的待遇。7数人的课题是要学会接受事实真相，允许事实改变自己的人生，而不是按自己头脑中所想的去评断这个世界。7数人的人生课题，是真理的极限，在成长的历程中，最需要的是知己和导师。

7数人的社会成就，常常表现在担当参谋、军师等智囊角色，是为主阵者出谋划策的一把好手。在现代国家则大多数都任总理一职。记得有一次在报纸上看到一版各国总理介绍，按他们的生日算了一下，一半以上竟然都是7数生命。我们的开国总理周恩来也不例外，他出生于1898年3月5日，生命数字34/7。在他身上尽显高阶7数能量的睿智风采。

7数人名言欣赏：为中华之崛起而读书。加紧学习，抓住中心，宁精勿杂，宁专勿多。与有肝胆人共事，从无字句处读书。只有忠实于事实，才能忠实于真理。——周恩来

“我的一生是一个要去体验、去生活的奥秘，而不是一个去加以解决的问题。唯有当我允许自己不知道时，我才有经验去了解事情真相。”这是对7数人的人生告诫，7数人唯有从头脑的知道进入现实世界，接受事实的真相，变批判、评论为理性地面对问题，并采取行动去解决它，才能真正地转化为可创造平衡幸福的智慧力量。

◎幸福使者的传言：7数人告白：“我的一生是一个要去体验、去生活的奥秘，而不是一个去加以解决的问题。唯有当我允许自己不知道时，我才有经验去了解事情真相”。◎

八、生命数字8

当一生二、二生三、三生万物，从生命活力、到心灵真爱、到理性智慧能量都一一俱足后，接下来要做什么？对，应该是将这所有组织能量整合起来进行系统实现的能量了。这便是8数生命能量。8是阴阳平衡的力量，代表控制、权力、地位、财富、成功、欲望、组织能力。是关于想要什么以及如何去得到它的力量，是整合各种力量进行大生意、大游戏的操控，是心想事成、用信念创造实相的能量。阴阳平衡结合就产生力量中心，若8的阳性太足就表现为1的特质太多，总是开始、喜欢操控，若阴性太多，就会有贫穷意识，易被操控、被支配。8数能量过多会永无止境地去追求物欲、过度控制、暴君倾向，而若不足则会陷入贫穷、无力、受害状态，不敢要欲望，易受人支使。

8数人来到这里，是为了体验自己的力量去获得成功，是最大量地摄取无所不能的能量，“我有力量在这个世界上去实现我的愿望。”

8数人是带着领导、指挥、组织和统治的志气来到这个世界的。他们天生就是决策者，一个积极向上的8数人，总是被赋予构思长远大计的巨大潜力，而且具有坚韧的毅力和独立性来贯彻始终。他们雄心勃勃、目标明确，很懂得利用资源，很善于判断周围人的特点和潜能，这种发现人才并鼓励他们的能力是不可低估的特性，他们的天性就有那么一种灵感，从而使他们能成为伟大的领袖。如果说1数人的领袖气质是为了得到大家对自己的认可，那么，8数人的领导才能则往往是要体现公众的价值，他们需要得到真正的尊敬而不是众星捧月似的追捧。

8数人善于洞察事物潜力，一旦窥出端倪，就有开发的本事，就像园丁一样从育种开始，按部就班地栽培灌溉，直到它开花结果。8数人特别能够将意念具体化，并逐渐去实现它，这一点在经营事业上发挥得淋漓尽致，能将一个小小的生意机会扩大成一个庞大的企业王国，但只有在学会所有人生课题之后，才可能将此项才华发挥到极点。8数人目标感很强，不达目的决不罢休，对工作总是专心致志、立足现实、讲求稳扎稳打，在追求目标的道路上有确信的勇气。他们大都关心钱财，懂得如何正确运用权利来实现事业理想，这使得他们在竞争生意场或者政治舞台上具有绝对的优势地位。

◎◎ **幸福使者的传言：8 数人善于洞察事物潜力，一旦窥出端倪，就有开发的本事，就像园丁一样从育种开始，按部就班地栽培灌溉，直到它开花结果。**◎

8 数人天性诚实，在人际关系方面为人正直、待人和蔼、忠贞诚信，不喜与人冲突，不愿让人难过，常常为了怕伤人而隐瞒真正的情绪。对 8 数人来说，爱情是终身的誓约，总是期望爱情是友谊，又是生意伙伴，更是罗曼史，对亲密关系有着很大的需求，以减轻内在负担、释放丰富的情感。物质利益和奖赏对他们来说往往并不重要，为成功的贡献可能变成困惑，情感的波动经常使这些人受到压抑，导致孤独寂寞。因而必须找到合适的时机来谈恋爱并且把这件事情作为生命中的重要目标。

8 数人不怕冒风险，敢于承担责任，并擅长帮助他人去发展自我。他们善于组织人事，具备优秀的领导能力，浑身散发的高尚风范都相当吸引人，让人觉得值得信赖。这些美好的特质下藏着百折不挠的坚强性格，他们时而平易和煦，必要时也能刚硬强悍。在职业生涯上，必须让他们根据自己的直觉和理念自由行事，只要让他们有足够自由空间去处理大问题，或开辟新领域，他们一路坚持，就一定能够成功，金融、法律与军警政界等行业都适合 8 数人发展。

写到这里，我想起我们改革开放之路的总设计师邓小平三起三落的人生经历以及高瞻远瞩、力挽狂澜的治国大略。他生于 1904 年 8 月 22 日，是 26/8。从他的一些精典语录中，便可以感受到 8 数人这种既高屋建瓴又讲究实践、既紧盯目标又善于变通的能量特质，比如“发展是硬道理”“不管白猫黑猫，会捉老鼠就是好猫”“尊重知识、尊重人才”“走有特色的社会主义道路”等等。8 数人非常注重科学实效，但又懂得灵活变通，若非这样的大胆设想又踏实求进，中国不可能在如此短短的 30 年内获得超越百年的经济发展。每次想到由于经济快速发展而带来的一系列社会问题，我都会不由自主地想，若邓小平能够再活 20 年，他一定能够腾出精力来好好改革中国教育文化，全面补上这一课。因为对于 8 数人的积极正向能量而言，所有的改革都不是为了给自己谋福利，而是为了公平公正的社会福祉共享发展。也因此，他们总是想要解决所有的问题，并且“两手都要抓，两手都要硬”。只是历史没有给他这样的生命机会。

8 数人尽管有绝佳的领导才能，但在人生成长的历程中却往往要经受命运多舛的大起大落考验，这让我想起“多难兴邦”的国家命运。中国（China）的生命数字也是 8，与美国 (America，U.S.A.) 的 5 数放在一起对比，就各显特质。5 数美国喜欢称王称霸，崇尚自由精神，但那自由只有在自己取得稳固霸权地位时，才会保障他人的民主权利，否则就很容易采取“只许州官放火、不让百姓点灯”的不讲理逻辑，并不择手段去强取豪夺。因为 5 数能量的负面特质就是“我只管自己好受，哪管别人感受”，若修炼不到位，这样的本性很容易在 5 数地位受到威胁冲突时显现出来。但 8 数特质就不同，所有的民主自由都要被整合纳入一个公平合理、能让大家都得以权利保障的整体系统中，所以不会单一地讲究自由民主，而是要整体地掌控发展。8数能量生性不爱斗，总想用和平系统的方式解决问题，但妥协的结果往往对自己没有好处，所以，一旦触到自己不能容忍的底线时，8数能量便会蓄力反击、系统治理。这便也造成了中华民族大起大落、多难兴邦的跌宕起伏命运。当然，这一些，只是我个人对于数字能量的现实观察体悟，没有科学依据，仅供玩味参考。只是多一个了解视点，或许就能对国际国内的形势现象多一分理解感知，也多一份理性判断与积极关注。

◎◎ 幸福使者的传言：对于8数人而言，信念即是实相，坚持不懈，目标必达。但8数人要将自己的理想与公共事业结合，越投注于帮助更多的人，便越能获得成功。◎

最后总结一下对于8数人的忠告。8数人生课题是成长的极限，不仅是自我生命要获得最大化的成长，还希望能够帮助他人成长并促进整个社会成长。但8数人的这种宏图大略必然要经过所有的人生考验才能最终走向成功。其中最首要一点忠告是：对自己诚实，也要对别人诚实。第二点忠告是：尽可能将自己的理想与公共事业相结合，越将8数能量投注于帮助更多的人，就越能获得成功。最后一点忠告是：信念即是实相，坚持不懈，目标必达。

九、生命数字 9

终于到了大圆满的 9 数能量了。9 是包容所有的数字能量，是打开来容纳一切的大能量，表现为慈悲心、同理心、人道主义、博爱、想象力、戏剧化等，这是一个能深层次地明白别人的情绪感受并进行转换的力量——接受两极才能拥有全部。9 数能量过多就会抱住过去与历史，强烈执著、没有界限，而若不足就会陷入麻木、分离，不信任、防御心。其最大的困难是如何放手的问题，像冲马桶那样，来者不拒去者不留，这需要很大的信任。

9 数人来到这里，是为了用智慧来帮助提高人道的觉知的，他们是上天派来的使者，是为别人的需要而来——“如果别人需要我……我就有价值。”这是 9 数人的生命模式。

◎◎ 幸福使者的传言：9 数人来到这里，是为了用智慧来帮助提高人道的觉知的，他们是上天派来的使者，是为别人的需要而来。带着丰富的想象力和宽大的同情心来到这个世界，为大家服务，让大家备受关怀。◎

9 数人带着丰富的想象力和宽大的同情心来到这个世界，他们的关键特性显露在人道主义的姿态中，他们天生具有服务别人的本能，让大家备受关怀，给大家带来轻松，是无拘无束的自由灵魂，喜欢梦想是其力量源泉，他们是超级梦想家，有丰富的想象创意才华，并且是很棒的表演者，还有惊人的耐力，学习能力很强，也是优秀的老师人选，很容易受人爱戴 。

一般来讲，这个通道的人都可信赖、可敬仰、不太怀有偏见，常常乐于深刻了解比自己还不幸的那些人，能抚平别人的伤口，并且乐善好施，愿意伸出手来尽力帮助他们。对于9数人来说，物质利益通常不太重要，金钱对他们而言，是来得容易，去得也容易。而杰出的9数人彻底无私，为公共事业付出一切。法官、精神领袖、医师和教育家里面就有许多的9数生命。

9数人爱关心全球大事，要担负人类的大责任，生活目的经常带有哲理性，对世界很有直觉，因而也很敏感，通常具有戏剧表演的天分或兴趣，可能会通过绘画、写作、音乐或者其他的艺术形式来表达自己的深刻情感。

9数人的交友能力也很强，因为他们的开朗以及和蔼可亲的风度，而很容易与人相识并很快成为朋友，他们的亲切经常使得他们在各种场合处于领导地位，但也很容易跌进别人的需要而迷失自己，分不清界限。处理关系可能比较困难，因为不好摆平某些事情。9数人不太适合竞争的商业环境，常常感到这里充满争斗。如果他们的朋友过分看重物质，在交往中就容易出现问题。

9数人会活在自己的世界里，容易“精神出轨”，遇到伤心、困难的事就会睡觉，有纵欲和禁欲的倾向，怕负责任，常常因为觉得责任太大，不知所以，干脆不想。因为过度苛求的特点，许多人都会失败。9 数人最需要做到的是，学习慈悲从自己开始。9 数人要学习的课题是，简简单单地将服务人群的理念落实在现实生活中，而非只是编织梦想，要建立实际而具体的目标并付之于行动。

正是因为9数人这种容易迷失的特性,所以建议9数人跟随一个宗教,从而获得力量，并最终超越这一宗教力量。

印度民族主义运动领袖圣雄甘地堪称 9 数人的极致代表，他出生于 1869 年 10 月 2 日，生命数字 27/9。他带领国家迈向独立，脱离英国殖民统治，他的“非暴力”哲学思想，也即他说的“satyagraha”（意为“精神的力量、真理之路、追求真理”，英语译成 soulforce），恰恰是一种来自于 9 数人道主义精神的灵性智慧。在日常生活中，我们也常常看到 9 数人更热衷于参与慈善公益事业，愿意为了大家的福祉而付出自己的服务价值。

9 数人名言欣赏：真理的精神遍布各地、处处皆有。但若想面对它，必须像爱护自己那样爱护地位最低微的人。心若改变，态度就会改变；态度改变，习惯就会改变；习惯改变，人生就会改变。最高的道德就是不断地为人服务，为人类的爱而工作。——圣雄甘地

9 数人生课题是慈善的极限。当他们能够为了实现梦想而努力工作时，生命就变得健康顺畅，当他们不能够无私付出或信赖放下，生活往往会让他们被动地失去。因此，对 9 数人的忠告是：“我能够信赖和放开来进入生命里”——对这个世界越信赖放手，这个世界便会越慷慨大方地予以回馈。另一个忠告是，多多接受别人的务实建议，梦想更会很快实现。

好，到这儿为止，9 个生命数字能量全部介绍完毕。从这些简要的介绍便可知，虽然只有区区 9 个数字，却可以幻化出千姿百态的生命实相，同样的生命数字，完全可以在不同的领域里展现出不同的价值风采，也完全可能因功课修炼的不同而呈现不同的生命状态。而我们所能去努力做到的，就是尽可能地往自己生命路途的最充分、最正向、最极致方向发展，尽量避免陷入过多或不足的负面能量之中。

接下来，我们将围绕这样的生命路途，更加具体地分析每一阶段的人生奥秘。

高峰挑战

或许每个人都有一个体验，即自己的人生道路是会变化的，不同的年龄阶段，会有不同的诉求与体验。这是为什么呢？这还是因为生命奥秘。不仅每一个人来到这个世上的目的、意义与特质、功课不同，而哪怕是一模一样的生命数字，所经历的各个阶段路线也不一样，这个部分的生命奥秘，就称之为生命的高峰与挑战，一共分成四个阶段。

每个人在生命当中都有四个高峰期，每个高峰期开始和结束时间依个人而定。高峰代表的是个人在生命中的某段特定时期可以学习到的顶峰，是这一阶段的焦点，它显示了可能会出现的经验或形势，以及透过这些经验和情况你将能学习到的是什么。高峰数字是这个阶段要发展的潜能。

随着相应的四个高峰的展开，四个挑战也同时运作着。挑战就是那个特定时期学习过程中的阻碍，它会给你实现潜能带来困难，它就好像是某种持续地在冲击碰撞着你的问题，直到它被整合为止。

下面，我们来具体地分享一下各个高峰与挑战的算法与含义。

一、第一高峰（36减生命数字）

在整个人生中，0~7岁阶段形成一个人的制约模式，使他学会怎样可以使自己安全，怎样获取自己的所需，因此，第一个高峰期对生命有强烈的影响，这是从一出生就进入的能量，他在这个能量时度过他的性格形成期，透过这份能量，我们可以了解到头脑中的心智模式是如何运作的。接着，你就有潜能学习跳脱通常在儿童时期不可避免的负面影响。

◎幸福使者的传言：在整个人生中，0~7岁阶段形成一个人的制约模式，使他学会怎样可以使自己安全，怎样获取自己的所需，因此，第一个高峰期对生命有强烈的影响，他在这个能量时度过他的性格形成期，透过这份能量，我们可以了解到头脑中的心智模式是如何运作的。◎

第一高峰的数字算法是月＋日。比如一个人5月3日出生，那么他的第一高峰的数字便是8（若得两位数再相加为个位数）。而第一高峰的时间，则要用36岁减生命数字，如果这个人的生命数字是8，那么他的第一高峰时间就是从出生到28（即36−8）周岁，29周岁进入第二高峰。

好，现在我们来简单地介绍一下各个数字所代表的第一高峰的含义。

第一高峰数字1：认为证明自己的存在，生命才行得通。要让人注意自己，走到哪里都要成为焦点，一切都要由自己做主，按自己的方式行事。父亲是生命中最重要的人。

第一高峰数字2：发展“听话”的能量，认为只有融入别人生命才行得通。母亲是最重要的人。也有可能会表现出依赖与抗拒的特性。

第一高峰数字3：发展创意表达的能量，爱做靓的、得体的事，忙碌于把事情搞得好看，表达好，将能量放在表面，很在意自己的角色和定位。这一高峰数人要允许自己不完美。

第一高峰数字 4：发展踏实建构的能量，会感觉到做真实的自己是不安全的，这通常由父母过分紧张造成，要学习返璞归真，多做与身体接触有关的运动，如按摩。

第一高峰数字 5：自由自在，精力旺盛，顽皮好动，不愿被束缚。这个能量受到压制后容易害怕、恐惧，怕有人说他自私。

第一高峰数字 6：发展从心出发的能量，常常为乖乖子或乖乖女，可以发展为有爱心、负责任能量。要学习真心想做什么，而不是“应该做什么”。

第一高峰数字 7：发展理性智慧能量，具有天才儿童特质，某方面有天赋，但有孤独的感觉，总想用脑子去搞明白，而成为旁观者，容易与群体分离。对于这一高峰中的孩子要注意培养他的心灵天赋，发展他的灵性，让他去感觉、去经验。

第一高峰数字8：发展成功能量，想要掌控，害怕失败，一路追逐成功，很早参与赚钱工作。容易演变为策略去操控父母，或变为被人操控。

第一高峰数字 9：发展善解人意的大爱慈悲能量，很敏感，总是要照顾别人的需要，容易迷失自己。这一时期的孩子要注意避免接触危险性、伤害性的东西，要培养他的自我意识。

第一高峰是一个人生存的安全模式，主要任务是如何安全地活下来。这种模式往往让人以为，只有引起人的重视，才会安全地活下来，长大后会一直延续这种想法，使之成为能量核心。这种核心一旦形成，就像在空气中生存，却不知空气的存在。但事实上并非如此。因此，第一高峰首先要学会解除这些模式所困。

二、之后高峰（每九年一个高峰）

进入第二高峰，就开始从父母的制约模式，跳到形成自己的独特个性时期。在第一高峰与第二高峰的转折变化阶段，往往会发生重大意义事件，比如结婚、生孩子、晋升、换工作等等，如果没有重大事件发生，则会活得越来越像父母，会成为第一高峰的延续，而未能展开自我的个性。

◎幸福使者的传言：进入第二高峰，就开始从父母的制约模式，跳到形成自己的独特个性时期。在第一高峰与第二高峰的转折变化阶段，往往会发生重大意义事件，否则，便会活得越来越像父母，而未能展开自我的个性。◎

第二高峰的数字算法是年＋日，如 1980 年 5 月 3 日，则第二高峰数为 3（若得两位数再相加为个位数），而时间推算是第一高峰往后 9 年。比如，上面这个生日的第二高峰时间为 36−8+9，即从 29 岁至 37 岁期间。

第三高峰的数字算法，则是第一高峰数与第二高峰数相加，以上面这个生日为例，其第三高峰数是 8+3=2（若得两位数再相加为个位数）。时间则是再往后推 9 年，即从 38 岁至 46 岁期间。

接下来是第四高峰，也是最后一个高峰。第三高峰与第四高峰的点是极其重要的变化点，是解决“接下来的人生要干什么”的问题。

第四高峰的数字算法是年 + 月，如上面生日的第四高峰是 5. 时间就从 47 岁开始一直延续下去，因此，越到年龄成熟，生命便越来越呈现出这个数字能量。

现在，我们具体地介绍一下每个数字在第一高峰之后的各个高峰代表含义。

高峰数字 1：发挥先锋精神和领导力，学习独立、建立自信，发展个人成就。

高峰数字 2：发展直觉力、敏感度，学习合作、聆听、顺势的能力；学习与人建立良好关系，变得更有耐心。要让自己慢下来，不要太用力。

高峰数字 3：表达的高峰，与创造力有关，做自己喜欢的事，能很好地展现、享受自己。

高峰数字 4：努力工作，打地基、建构，发展组织能力，以创建外在的安全感。回归自然，过朴实简单生活的心境。若不成熟会感到辛苦。

高峰数字 5：变化与自我突破的高峰，不断地站稳就变、不断适应新环境、不断给自己自由空间。

高峰数字 6：从心出发，发展爱与责任的高峰，有更多的责任要付，会去进行有关爱心的服务，会想去把家搞得靓一些，也是发出有关事业发展的声音，如从事教育、治疗、辅导等有关方面的工作。

高峰数字 7：发展理性智慧的高峰，摆在内省层面，提供面对独处的机会，去学习、做计划，会做内观、静心，与人之间会有距离，不再与人打成一片。第四高峰是成熟数字 7，则会成为智慧老人、享受独处。

高峰数字 8：心想事成的成功高峰，发展力量，满足物欲，商业触觉敏锐，成功机会多，但要注意阴阳平衡，否则便会生病。

高峰数字 9：是一个付出与开花的高峰，需要扩大心量来容纳，关注身边的人，学会信任和放手，发展同情心、慈悲心和人道主义精神。

三、挑战数字

前面提到，挑战数字是一个人在人生历程各个阶段所遇到的陷阱，即在这个阶段会持续地影响着自己潜能发挥的障碍能量。关于这个挑战数字，我没有在课堂上得到老师更多的分析指导，也没有在其他的生命数字书上看到更详细的相关论述，只能将每个数的算法及挑战含义在这儿分享，供各位读者自己体悟揣摩。

第一挑战数字的算法为月和日相减（大减小，为正数），时间与第一高峰同。如 1980 年 5 月 7 日，则第一挑战数字为 7−5=2；

第二挑战数字的算法为年和日相减（大减小，为正数），时间与第二高峰同。如 1980 年 5 月 7 日，则第二挑战数字为 9−7=2；

第三挑战数字的算法为第一挑战和第二挑战相减（大减小，为正数），时间与第三高峰同。如 1980 年 5 月 7 日，则第三挑战数字为 2−2=0；

第四挑战数字的算法为年和月相减（大减小，为正数），时间与第四高峰同。如 1980 年 5 月 7 日，则第四挑战数字为 9−5=4。

各挑战数字代表含义介绍如下。

挑战数字 1：没有自信，对人有依赖，自己的主张容易被人带走。或总是开始、开始，需要别人来扫尾。

挑战数字 2：过分想要人认同，容易过度敏感、情绪化。容易遇到人际关系障碍。

挑战数字 3：创造力、表达力还埋在井下，有待发掘。

挑战数字 4：有关自律的挑战，容易懒、拖延、没计划，不面对实相。

挑战数字 5：自由本能受到压抑，不能活在当下，或过度纵欲。（要让处于这个挑战数的孩子区分欲望，不要盲目冒险）

挑战数字 6：亲密关系与家庭责任的挑战，爱付出以后期望得到感激或回报，也可能因为与别人的期望不符而冲突。

挑战数字 7：对事物了解不够深入，要向内看，从里面去解决，克服孤单的情绪。这是一个很困难的挑战，处于第一挑战的孩子会很孤单，可能会有身体疾病，要去多关心他、多与他交心。

挑战数字 8：关于力量的挑战，会遇到关于钱和权力的冲突，要克服对金钱的追逐。

挑战数字中没有 9，若挑战数为 0，则表明没有特定意义的明显障碍。

四、个人年份

也称生命流年，是生命数字时间转换上的基本单位。生命数字的运作以九年为一循环，不管任何时候，你都在1~9之间的某个个人年份中。个人年份数字所描述的不是对事件的预测，而是呈现出潜能情况及这些情况中的可能性学习。通过了解这些可能性，可以给予你一个完全不同的角度去看每年真正在发生的事，而且协助你在事件的真实亮光中看清楚事件，并让它们为你工作、协助你成长。

以我个人的体悟经验，个人年份是一项极其奇妙实用的测量工具，它就像日历一样，可以帮助我们知道每一年在什么能量季节，你可以在这一年去努力地做些什么，或者做好准备去等待发生什么。就像春天的季节会提醒你适宜播种，秋天的季节会督促你记得收割一样。我是在一次次的实际案例体悟中深感这个数字的奇妙奥秘，所以特别希望能够与大家分享这一部分。

◎幸福使者的传言：个人年份是一项极其奇妙实用的测量工具，它就像日历一样，可以帮助我们知道每一个在什么能量季节，你可以在这一年去努力地做些什么，或者做好准备去等待发生什么。就像春天的季节会提醒你适宜播种，秋天的季节会督促你记得收割一样。◎

首先学会算每一年的个人年份。每个人的个人年份以他的第一高峰为基础，再加上当年的年份，即为个人年份。比如上面列举生日的第一高峰数字是 8，那么，他在 2014 年的个人年份数字为：8+7（2014 相加成个位数）=6（若得两位数再相加为个位数）。

用这样的方式，可以继续细化算到当年的个人月份甚至日子能量。

下面我们来解读各个数字在各个年份中的含义。

个人年份 1：开创之年。发展播种、独立、自信的能量，会有新的开始，新的方向。

个人年份 2：接收之年，学习耐心、顺势的艺术，学习处理依赖的成分。如果不学会等待，就会错失良机。

个人年份 3：发展之年，遇到扩张上的事，要处理姿态问题，发展关系，享受自己。

个人年份 4：建构之年，关于现况的检视，容易局限在实相中，有内在和外在的框，通常不好过。但也是一个建构基础的年份。

个人年份 5：变化之年，想要改变，以游历来给自己释放空间，关于性的欲望增多。

个人年份 6：真爱之年，处理关系上的问题，看是真正为内心负责还是“应该”，会为自己负责任，而不是妥协，这容易带出关系上的冲突，导致更亲密或分离。未有亲密关系的，会有可能在这一年建立亲密关系。

个人年份 7：反思之年，自动退后一步，抽离出来看自己，检视前期，以作后面的学习与计划。这一时期那些深层次的意识也会浮现。通常会有 LUCKY 或突发事件。也可能有官司发生。

个人年份 8：收获之年，是高能量年份，用力量去创造实相，能够获利或者会遇到财政上的困难。

个人年份 9：结束之年，收尾、完成期，是生命中极其重要的年份，需要去清理那些固有的、执著的垃圾，去腾出空间让新的进来。这一过程通常会超过一年。

有了这一个人年份表，便可以对自己的每一年工作、生活做相应的规划安排，比如在1的年份，就适合去主动开创一些新的事业，在2的年份，则要平和下来等待顺应，不用过度用力；要换工作、变革事业，或者要去大旅行什么的，则可安排在 5 的年份，而 6 的年份注意处理好亲密关系及家庭责任问题；7 的年份要好好学习规划思考，想明白接下来要做什么，这样 8 的年份便可以做大运作，以实现一些大目标。但 9 的年份不适于做新的开创之事，而是要尽可能地收拾清理前面历程中的一些遗留问题，腾出空间来迎接下一轮的新生开始。

这里特别要提醒的是，尤其是 6 的年份，要特别注意处理亲密关系问题，否则很容易导致分离。比如张柏芝与谢霆锋，就是在张柏芝 6 的那一年执意要离婚，其实以我对几对夫妻的辅导经验，如果能够理性对待自己的情绪，过了这个时期，可能就会和好如初了。当然，如果想要在这个年份建立亲密关系，也往往胜算可能性更大。因为个人年份只是内在能量与外在因素的结合，就像种子遇到春天，自然比其他季节更容易发芽。因而，这样的能量可能性是值得被主动利用或有意识地关注规避的，这才是真正能够给人带来幸福力的生命智慧。

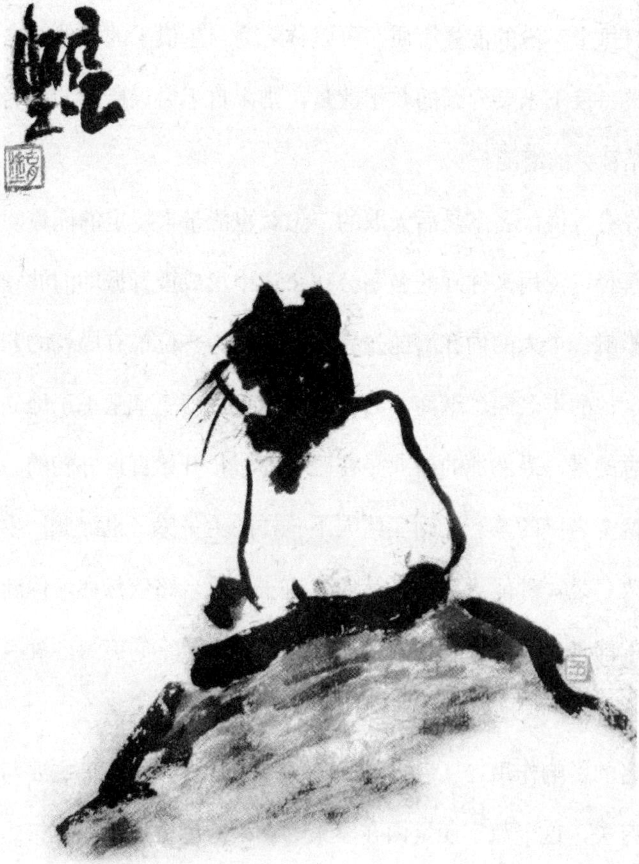

内在渴求

前面所展现的是由一个人的出生年月日所带来的整体生命数字及各个阶段、每个年份的能量潜质，可以称之为与生俱来的自然路途，只与自己有关。接下来要介绍的数字能量，则来自于后天所起的姓名，是一个人联结社会的潜能。

或许有人说，名字是后天取的，怎么也能带来特定的能量呢？生命数字的解释，说用来称呼的名字会在宇宙中形成声音振动的波频能量，因而会影响一个人的内在潜能发挥。我曾经为一位很有成就的艺术家解过姓名，他的本名叫张继海，后改名为张正，即要堂堂正正地立起来，很有意思的是，果然他的事业是在改名那一年开始真正好转的。我仔细念了这两个名字的读音，确实给人不一样的力量感。也因此，生命数字认为，改名是一种能量振荡，就像改道一样，老路依然在，但新路会增添不同的能量。但到底如何改名，或许与生命数字的能量匹配有关，更有主体本身的主观愿意与心理接纳暗示程度有关。

姓名的影响作用之所以有这么大的威力，在我看来最主要与一个数字能量有关，这个数字便是内在驱策力，西方称之为灵魂驱策力，也即是来自于灵魂深处的渴求。它呈现的是我们内在最核心的部分，是我们整个生命存在最深沉部分的欲求和渴望。如果在你的生命中，你追寻过你最想要的东西，这份追寻即来自于这股能量。透过这个数字，还可以看到你寻找伴侣的模式。因此，这个数字还影响一个人的情感生活——“你的深层次的需要是你的黑洞，而对方恰好能填补你的黑洞，所以你们走在一起。”这句话便透出了爱情的发生根源，也为人间带来了剪不断理还乱的爱恨情仇故事。

◎◎ 幸福使者的传言：如果在你的生命中，你追寻过你最想要的东西，这份追寻即来自于这股能量——内在驱策力。它也代表一个人寻找伴侣的模式。◎

这个内在渴求的能量是怎么算出来的呢？

因为生命数字学来自于西方，我们以拼音代替26个字母来进行运算。即每个拼音字母轮流对应于1~9的一个数字，比如a1、b2、c3、d4、e5、f6、g7、h8、i9，再从j1开始轮，这样，每一个拼音字母都有了一个特定的数字来对应。我们再把自己的姓名转化为拼音字母，一一对应于每一个相应的数字。

接下来算内在驱力数字，这个数主要是用拼音字母中的元音相加组成。让我们用当前最高国家领导习近平主席夫妇的姓名来做举例分析，XiJinping. PengLiyuan，前一个姓名三个元音都是i，而i代表9，所以，习主席的内在驱策力是代表人道慈悲大爱付出的9数能量。而后一个姓名有四个元音，分别是e代表5，i代表9，u代表3，a代表1，四个数加起来，也是9数能量，在这个意义上，我们的“国母”与习主席是心心相印的同数能量。

不要看这样简单的数字，却蕴含着一个人对于社会他人及对于亲密关系的深刻模式，从这个数字，可以判断出一个人做人做事，到底会按照怎样的方向标准，比如同样是为官一方，或同样是做公益慈善，有的人或许是为了证明自己，有的人是为了取得别人的认可，有的人是为了做个好人，有的人是为了更大的付出。如果说，人的生命也有蝴蝶效应的话，那么，这个内驱力便是那个扇动翅膀的初衷能量，最后会导向整体的连带效应。

而在亲密关系上，这个数字就起到更大的影响作用，若一个要自由，一个要忠贞，或一个要稳固，一个要浪漫，一个要自己说了算，一个要掌控对方，这就很容易产生矛盾出现问题。从习主席夫妇的内驱力能量来看，两个人都心软慈悲，都善解人意彼此为对方着想付出，这样的情感模式搭配确实能成为楷模典范，这不仅是他们自身的庆幸，更是我们国人值得期待的美好祝福。

好，现在我们来具体地分享一下每个数字所代表的内驱力能量。

内驱数字1：渴望独立，渴望找到自己的路来证明自己，渴望成为那个NO.1，喜欢自信、独立、有领袖气质的人。女孩内驱是1在情感上会有困难。

内驱数字2：渴望生命是平和的，希望能够融入别人，依赖、妥协；

喜欢平和的人。在情感上容易“跟着走”，即嫁鸡随鸡、嫁狗随狗式。这样的内驱力若能自我充实，就表现为坦白，而不是需要。

内驱数字3：渴望生命是新鲜、浪漫、充满创意的，当这种渴望无处可去时就发白日梦；喜欢开心、好玩、幽默，在团队中很活跃、很搞笑的人。容易“爱上一个不回家的人”，这样的内驱要学习在生命中享受自己。

内驱数字4：渴望放松，没有目标、没有追求，只是放松地存在。喜欢实在、可靠的人，认同拥有=爱，拥有=安全。会留空间给自己。“当你怀着许多目标去刻意追求时，往往不会发生，而在你放松一切的时候，它就悄悄地来了。”这句话，便是对这一内驱的忠告，以助于解决安全感问题。

内驱数字5：渴求自由、新奇、冒险的能量，倾向于自由比爱情更重要。容易过分陷入自我，给人感觉较自私。喜欢狂野的、很有能量的人，又要爱又要空间（婚外恋式），若在家庭中担负太多责任，则会想要逃离。对于这样的内驱能量，夫妻之间要多做朋友。

内驱数字6：渴望去爱、去关怀，吸引索取的人，因此容易受伤；喜欢交换，对爱要求合同关系，期待回报。这一内驱之人要学会SAY NO，真正为自己内心要的而活，而不是为做好人而把责任揽上身。

内驱数字7：渴望弄明白，弄不明白就容易上火。喜欢懂他的人，是要找真正的知己。有的人很享受独处，有的人却害怕孤独，总想要和别人在一起。这一内驱能量之人对于婚姻比较理性，但若遇上真正的知己，则会“一语点醒梦中人”，容易爱得死去活来。

内驱数字 8： 渴求体验自己的力量，跻身于社会顶层，倾向于用物质显示爱，喜欢攀比。易被有力量的人吸引。这个内驱需学习如何活出自己力量的方式。

内驱数字 9： 很有同理心、对生命有最宏大的信任。渴求信任自己、信任存在，倾向于完美主义的给予，易被可怜、有需要的人吸引。对于这个内驱能量之人，既要注意将自己的所需所要放在第一位，学习对自己慈悲，又要将爱分享给更多的人，带来更多的感动，获得两者的平衡。

在这些内驱能量中，有几个数字值得再做强调说明一下，以期引起更多觉知与防范。

首先是内驱 1，前面提到这个数字若为女孩就会带来情感困难。以我实践案例所见，确实有一定道理，这是因为这个 1 数内驱所表达的能量是，一方面喜欢独立自信的人，一方面又希望自己说了算，这就带来了一个矛盾冲突的情感模式，即自己喜欢的人通常不愿意围着自己转，愿意听从自己的人又不喜欢。这对于女孩确实是一个难题，而且这样的女孩很容易动不动就分手，这也导致情感的困难。因此，若真的是这样的内驱能量，一定要有所觉知和防备，多多提醒自己。

再一个是内驱 5 和 6。这两个能量分开来都没有问题，但如果是一对亲密关系， 好像就容易留下冲突隐患。因为这两个数正好是相反的能量，5 要的是自由自在、新奇变化，而 6 要的是忠贞完美、担负责任，这两个能量放在情感关系里，容易产生对立摩擦。另外一种情况，是一个人的生命数字和内驱分别是 5 和 6，这样的冲突就不是来自于关系，而是来自于自身的矛盾，即心里要的是自由放纵，生命路途却要完美负责，或者心里渴求忠贞完美，而走的路却是要自由冒险，这样的矛盾都容易引发自我冲突而影响到身心健康，特别要注意自我调节。

还有一个数字是 8，这个数字在内驱能量里的好处是成就动机很高，有利于激励主体去追求更大的社会价值，去接近更高能量的人，但如果生命数字能量大大低于这个内驱能量，就会显得累，这就相当于生命路途是要走 3 层楼，而心里却想要爬 8 层楼一样。另外一个可能性的困惑是，这个内驱喜欢高能量的人，但又渴望掌控对方，这也会形成矛盾，即自己喜欢的未必掌控得了，而能够掌控的或许就没有吸引力。尤其是女孩，更要注意这种力量的平衡与协调。

不管怎样，内驱力还是一个非常重要的能量因素，有一个说法，说一个人在成熟以前，主要是为显意识而活，即人格冰山露出水面的那一部分，而越成熟，就越从“应该做什么”的显意识走向“想要做什么”的深层潜意识，即人格冰山水底下的那部分去发展，这也就是这种内驱力的能量作用。所以，在 36 岁之后，一个人的内驱能量便会起到越来越明显的生命引导作用，让外在行为符合真正的内在渴求。

◎◎ 幸福使者的传言：一个人越成熟，就越容易受内驱力的影响，而从“应该做什么”的显意识走向“想要做什么”的深层潜意识方向，并让外在行为越来越符合真正的内在渴求。◎

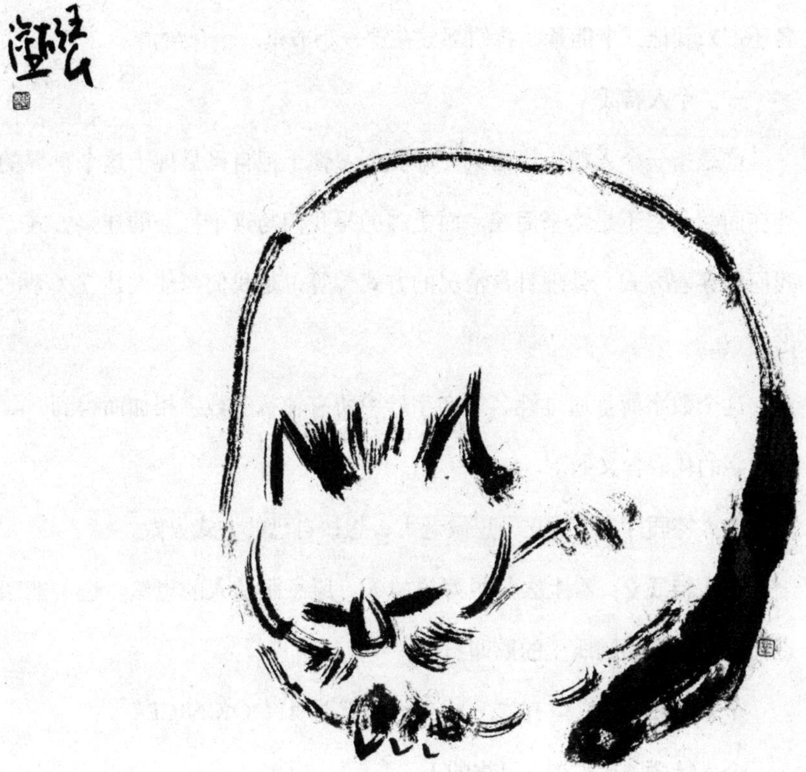

成熟能量

前面讲了用元音字母运算的内在驱动能量，除了这个数字以外，姓名还带来其他三个能量，我们都放在这一小节里一一介绍。

一、个人特质

这是指一个人的人格面具，即我们习惯于把自己呈现于这个世界的外在面貌，它不是本来面貌，而更多的是我们与这个社会的连接方式，我们的穿着方式、处理日常情况的方式等等，是我们与他人建立关系的出发点。

这个数字能量通过姓名拼音字母中所有辅音的数字相加而得到，具体数字的代表含义如下。

个人特质1：想独立、想做老大、想按自己的方式去做。

个人特质2：看上去是很好说的人，愿意跟随人的想法。也可能表现为抗拒，像“厕所里的鹅卵石”。

个人特质3：有型有款，一走出来就要“LOOK NICE”。

个人特质4：实在、可靠的人。

个人特质5：给人感觉比较新奇活跃、自由自在。

个人特质6：给人感觉是很负责任、容易妥协的好人。

个人特质7：要明白，喜欢独处，或者害怕独处。

个人特质8：给人感觉擅长于高能量的控制。

个人特质 9：善解人意、关注别人，有“变色龙”特质，容易迷失在世界中。

二、表现数字

这是我们表现于这个世界的方式，它显示出我们必须透过工作或任何我们所做的事而所分享出来的天分或才能，它也显示出了我们可能会从事的工作形态以及我们所擅长的是什么。简言之，表现数字即用于工作或做事擅长的能量。

表现数字的算法为姓名所有拼音字母元音和辅音的相加数。算出你自己的姓名数字，然后对照以下各个数字的含义。

表现数字 1：独立工作者、决策者、领袖，适合做开创性的工作，只要告知结果，不要去指令他。往往不愿按指令做事，也听不进别人的意见，难以相处。

表现数字 2：适合做支持者、调解者的工作，听得进大家的意见，有外交能力，是很好的助理及合作者。不足之处在于容易情绪化，容易被人的意见左右。

表现数字 3：擅长创意与表达展示，给人以喜悦和阳光感，适合与外表有关的工作，如前台、迎宾、公关、接待、设计、创造等。不足之处是容易因专注外在或聊天而散了能量。

表现数字 4：忠诚实在可靠，按章做事，是好的工作者，计算能力强，能从混乱中创造程序，令结构稳定。但也容易刻板、固执，不容改变。

适合做办公财务系列或中高层管理，或者医生等与身体有关的工作。

表现数字 5：探求者、行销高手，善于做与人沟通的工作，适合跑来跑去做检查指导；需要空间、自由，而不是局限在办公室。

表现数字 6：愿意分享助人，适合做教师、治疗师、辅导师或与美有关的工作，能很好地负起责任。不足之处在于会代替别人做事，总是认为自己做得最好。

表现数字 7：擅长研究性，钻得很深，做事细。科技与灵性特长必具其一。

表现数字 8：是好的组织者和管理者，企业家、商人、财务专家、法律或政治方面的客观的辅导者，擅长做大策划与整体布局。

表现数字 9：有志于提高人的觉知，帮助人的成长，喜欢搞大、讲政治、讲人道，适合做工作、书记等岗位，又因为很有同理心，可以深入角色，所以也可以做好的艺人。要注意与现实贴近，去务实行动。

三、成熟数字

这是我们逐渐成长或成熟后进入的能量。它不是在某一特定时间立刻发生的状态，而是当它开始发生时，几乎看不到痕迹，等到年纪渐长，这股能量就会越来越强烈。它是我们正在前进的方向，其他数字都有过多或不足的修炼需要，只有这个成熟数字是一种正向的收获能量。这个能量大概在 36 周岁以后出现，并且越来越正向发展。

成熟数字的运算为生命数字与表现数字的相加之和。或许，人的生命正是在一边修炼行进一边做事发展的合一旅程中获得收获成长的。请你算一下自己的成熟数字，再对照下面的解释，看看你此生到底会收获什么。

成熟数字1：越来越独立自信，越来越知道自己的方向，向领袖方向发展。

成熟数字2：越来越不去强求目标，变得更耐心、更平和、敏感度提高。

成熟数字3：越来越好玩，越来越轻松自在，越来越有创意、善表达。

成熟数字4：越来越实际，越来越返璞归真、回归自然，废话越来越少。

成熟数字5：越来越能跟随自己的能量而动，自由自在、活在当下。

成熟数字6：越老越活得靓，越有责任，越能发出自己的声音。

成熟数字7：越来越理性，越来越有智慧，也越来越享受独处。

成熟数字8：越老越能显示自己的力量，收获金钱上的回报。若阴性能量太多，则也可能越来越贫。

成熟数字9：越来越成熟地看到生命的深度，越来越慈悲，也越来越能信赖放下。

四、合成数字

最后，还要来整体分析一下一个人的生命数字地图，看看有哪些合成数字奥秘：

若一个人的生命数字与表现数字相同，表明工作在一生中是非常重要的，他的生命路途要通过工作来走通；若生命数字与内在驱策力相同，则表明最大的学习是内心在找什么，并在关系上搞通它；生命数字与个人特质相同，表明如何在这个世界上运用好自己的性格就是今生的课题；生命数字与高峰数字相同，表明生命数字会变成那段时间里最强的学习；生命数字与挑战数字相同，可预期会不断陷入大事件里；生命数字与个人年份相同，表现这是最强烈的一年，面对自己主要的人生课题。

关于生命数字，我们介绍到这里。以上这些资料是根据十年前跟随生命数字导师黄宝仪上课学习时的笔记，并结合这十年来的研习反思整理而成，在此特别感谢黄宝仪老师的启蒙教导以及同道朋友们的同修学习。在整个生命数字学的深奥宝库中，我相信我所知的只是浅尝辄止的冰山一角，却足以令我得益颇丰，这是生命本身的奥秘乐趣，只是经由生命数字这个工具来得以探知，如同神秘无边的宇宙世界被不断精进的航天工具所探索一样。因此，非常希望这一章内容能够对各位读者起到抛砖引玉、引航导标的参考与启迪作用，引导大家以理性而非迷信、以开放而非质疑的态度去学习、了解、应用各类可以帮助自己了悟生命奥秘的工具，让自己的生命更加智慧无惑，也让人际间的交互更加理性平和，从而让这个世界真正能够走向知己知彼、和而不同的诗意栖居社会理想。

本章小结

生命数字学是一种用数字来解读每个人的生命密码，以使人得以知己知彼，从而更积极主动、更精准无惑地把握人生命运的工具性学问。其创始人为以希腊数学家兼哲学家毕达哥拉斯为代表的数理学派，与塔罗、星座并列为三大神秘学，有着精准的预测性，与中国易经有着异曲同工之妙，被称为西方的命理学。它就像一把探索心灵的钥匙，帮助我们看清自己，发现潜藏在我们每个人身上的价值和能量，实现一个更好的自己；也帮助我们认识别人，更智慧地与他人相处。

生命数字学有各种不同的解读方式，这里重点介绍几组重要数字：

一、生命路途

一个人来到世上究竟是为了什么？各自要完成怎样的人生使命？一生的路途又是如何展开？在这一过程中会呈现怎样的特色？这一系列生

命奥秘，都可以经由通过一个人的出生年月日相加算出 1 ～ 9 的生命数字而得到解答。每一个生命数字就像是一张展开的生命地图，每一个人都走在不同数字所代表的生命路途上，并呈现出那个数字所表达的能量特质。而至于每个人如何走好这个生命路途，则完全取决于各自的创造。因此，生命数字学不是宿命论，而是生命创造论，是如何根据生命地图来走出黄金道，创造出生命精彩故事。

二、高峰挑战

就像自然界有春夏秋冬四个季节，每个人的生命历程也要经历四个高峰期，代表在生命中的各个阶段可能会出现的经验或形势，以及透过这些经验和情况你将能学习到的是什么。高峰数字是这个阶段要发展的潜能。而随着相应的四个高峰的展开，四个挑战也同时运作着。挑战就是那个特定时期学习过程中的阻碍，它会给你实现潜能带来困难，它就好像是某种持续地在冲击碰撞着你的问题，直到它被整合为止。懂得自己的高峰与挑战，能够让我们更加了解每个阶段的生命任务以及可能性的局限。

三、内在渴求

如果在你的生命中，你追寻过你最想要的东西，这份追寻即来自于这股能量——内在驱策力。它也代表着一个人寻找伴侣的模式。因为深层次的渴求是一个人的黑洞，而对方恰好能填补这样的黑洞，所以，吸引力便发生了，这便是爱情的产生根源。懂得内在渴求，可以更深层地了解一个人行为背后的驱动所在。

四、成熟能量

当一个人进入36岁的成熟期以后，会有一个能量自然而然地产生，那便是成熟数字。这个数表达的是每个人最后的能量收获，是更独立自信还是更平和顺应，是更开心好玩、更讲究实际还是更自由自在，是更有爱心还是更有智慧、更有力量等等，都取决于这个正向能量。

除此以外，生命数字还可检测一个人的做事擅长、性格特质以及每年的个人年份能量等，这些数字都是可能性的参考工具，重要的是体验与创造。因为生命是用来体验和创造的，任何事情的发生都有它背后的美意。假如你想要赶上生命演化的快速跑道，就必须将人生的每个黄金时刻发挥到极致，并做到最好的运用。

第四章
Chapter4

生命关系

现在有一句开始日益流行的话：生命就是关系。

是啊，生命本来就是因关系而降临，因关系而存在，自然也会因关系而发展。

当精子与卵子相遇，新生命孕育在母体里，便不可分割地与母体结成了呼吸与共的紧密关系了，母体的一举一动，都关系着新生命的健康孕育成长，而胎儿的一呼一吸，也牵动着未来母亲的心。等到降生伊始，这个生命就在一刹那间与整个外部世界发生了关系，无论是自然的空气冷暖还是家人的言行笑容，无不影响着生命的健康成长。再后来，当这个生命会爬会走、会跑会跳之后，与这个世界的干系就越来越大。再后来，更无需赘言，上学校、入职场、谈恋爱、成家立业，个体生命的一切，就像一棵大树的根系深深扎入土壤一样，与这个社会，再也脱离不了越来越紧密、也越来越宽泛的关系了。生命，成了关系的一部分，生命，本来就是关系所在！

正因如此，越来越多的有识之士开始领悟到探索生命问题对于解决所有人类社会问题的深源奥义，开始投入到生命关系问题的研究与实践中。我所最早接触并熟识的一位生命关系倡导践行者，便是心灵海导师庄修齐先生，他的生命九大关系论深深吸引了我。他认为，如今的现实环境里，各种生命关系都陷入了操控与被操控、占有与被占有、渴望与失望、期待与落空、自大与自卑、比较与嫉妒，以及相互间企图改造彼此或不信任彼此的乱流误区中，这些生命关系的不和谐，导致人生历程中出现很多挫败、冲突、失衡、病态、不健康等等状态，从而影响着我们去合力创出更大的社会价值，更影响着我们每个人的内在幸福。而其实，我们的生命就是一连串的多元关系所展开的过程，如果每个人懂得如何去联结生命各个层面的关系，使它们积极、平衡、和谐、优质地发展，那么，健康、快乐、平安、财富、成功等等这一切构成幸福的元素，都会在生命中如约而至……

幸福使者的传言：我们的生命就是一连串的多元关系所展开的过程，

如果每个人懂得如何去联结生命各个层面的关系，使它们积极、平衡、和谐、优质地发展，那么，健康、快乐、平安、财富、成功等等这一切构成幸福的元素，都会在生命中如约而至。◎

为此，庄修齐先生提出要从生命的整体观入手，去处理好生命九大关系：

一、真我关系

即如何通过不断探索与修炼的过程来发现真实的自己，找到真我的天赋才华，从而掌握以“内圣”促“外王”的核心软件，让自己更有力量去作为于世界。

二、身体关系

即与自己身体的各个生命功能器官有深度的爱的联结，以身体为导师，尊重身体的召唤与感应，通过对身体的认知来了解生命、促进生命，让身体与灵魂和谐共生、尊爱共长。

三、家庭关系

即用爱与感恩来联结父亲阳性的力量、开创的力量，也联结母亲爱与接受及包容的力量，还有对夫妻之间的亲密有爱关系、对亲子之间的哺育守护关系，以及兄弟姐妹之间的温暖亲情关系等等，是感恩生命的源头关系，联结血缘自然的阴阳关系。

四、事业关系

即事业伙伴及事业整体呈现的各种直接或间接的连带关系，这在阳性能量层面就是与父亲关系的联结，也即在勇气与创造力方面的展现，在阴性层面就是与母亲关系的联结，也即是在关爱与亲和度方面的展现。两者结合，便能形成阳性有力的创造与温润有爱的配合这样的事业核心伙伴关系。

五、人际关系

即用爱、健康、快乐、幸福、恩典等生命品质来建立一切的人际关系，让人们感受到重要、被爱、被肯定、被欣赏，以促进种豆得豆、种瓜得瓜的生命滋长。

六、资源关系

生命是资源的核心，自己就是一切的万有，经由丰盛生命所发出的爱的磁场与吸引力，能够带来包括人才、好运、贵人、财富、物质、政策等一切在内的资源，形成给予与接受之间的良性循环关系。

七、天地关系

即天地人之间的关系。天为阳地为阴，天的阳气与人的阴气合成为人气，所以人与自然天地万物是密不可分的依存关系。我们要向大自然学习，学习天的视野与境界，学习地的慈悲与大爱，与天地和谐共生，守护地球，感恩回报。

八、使命关系

即我们来到这里所呈现的生命意义与价值贡献所在，我们为何而来，我们为这个世界带来什么，我们如何活出自己的天命，完成使命的联结关系等等，一个人越能清晰感受到自己的使命所在，就越能体验到为天命而不断创造的价值意义，也就越能活出真我的幸福感。

九、生死关系

即让自己处在觉知与觉醒的状态，让自己的心活生生地与所有外在的八大关系时时联结畅通，充满热情地对待这个世界的每时每刻，不要让自己昏睡死沉下去，白白浪费生命时光。这是一种源头关系，性能量关系，是真心所依，是来自生命源头的力量。

非常感谢庄修齐先生为我们提供了如此清晰全面的生命关系导引，期待看到他在这一生命关系健康辅导践行之路上的更多丰采收获与幸福展现。

接下来，让我们一起展开生命关系的幸福思考与分享研讨之旅。

其实，无论怎样界定生命关系的内容，最终都可以归结为两大关系，一是生命与自我的关系，二是生命与非我的关系。而后者，又可区分为生命与物质世界的静态关系，以及生命与人际世界的动态关系。这里的物质世界，包括自然界的一切呈现以及整个社会的所有物化存在，比如生活空间、社会场所、物品设施、文化艺术与科技存在等等。也因此，人的生命关系可归结为三大领域，一是人与自我的关系，二是人与社会的关系，三是人与自然的关系。人的整个生命历程就在这三大关系中展开，如何对待、适应和调节、创造这三大关系，便构成一个人对于幸福的所有认知与体验，也展现出一个人是否能够把握自身和给予他人幸福的所有生命能量。也正是在这个意义上，幸福生命学，其实等同于生命关系学，只是我们需要将关注点投放在如何使这些关系更幸福这样的内涵与目标上。

◎ **幸福使者的传言：人的整个生命历程就在人与自我、人与社会、人与自然这三大关系中展开，如何对待、适应和调节、创造这三大关系，便构成一个人对于幸福的所有认知与体验，也展现出一个人是否能够把握自身和给予他人幸福的所有生命能量。**◎

好，下面我们站在生命主体的视角，来着重展开分析一下人生历程中对于幸福人生体验与创造发展起主要影响作用的几大关系问题。

自我关系

为什么将自我关系放在最先讨论，是因为“我是一切的根源”，自我是整个生命世界的核心与主体，如果一个人不能妥善地处理与自己的真我关系，他是不可能处理好这个自己与外界的所有关系的，因此，人的一生可以说就是不断寻求“我是谁、我在哪里、我如何看待自己、我该向何处去”等等这样一系列自我探索的历程，而这也是幸福生命的源泉与灵魂，若不能建立健康和谐的自我关系，生命难以真正体验到喜悦与幸福。

一、关于人格发展生态圈

美国心理学家尤瑞·布朗芬布伦纳创立了人类发展生态理论，他提出，“个体发展的环境是一个由小到大层层扩展的生态系统，每一个系统都会对个体的发展施以其影响，这些环境以学校、家庭、社区、整个社会文化以及个体与环境之间、环境与环境之间的相互作用过程与联系等不同的形式存在于个体发展的生活中，在个体发展的不同时期、不同方面给予不同的影响。”[①] 这一理论阐明了个体发展的外部影响不仅只有学校的教育教学这一直接单一的因素，而且受制于由内而外、由近及远的整个生态环境影响。这一理论，可以说是全面解读了人的生命成长与整个外部世界的生态递进关系。

---

①《师幼互动行为研究》，刘晶波著，南京师范大学出版社 1999 年版

而以笔者探究之管见，人的生命内在系统也存在着这样一个由内而外不断扩展、又由外而内逐步制约的人格生态动力系统，我称之为人格发展生态圈。

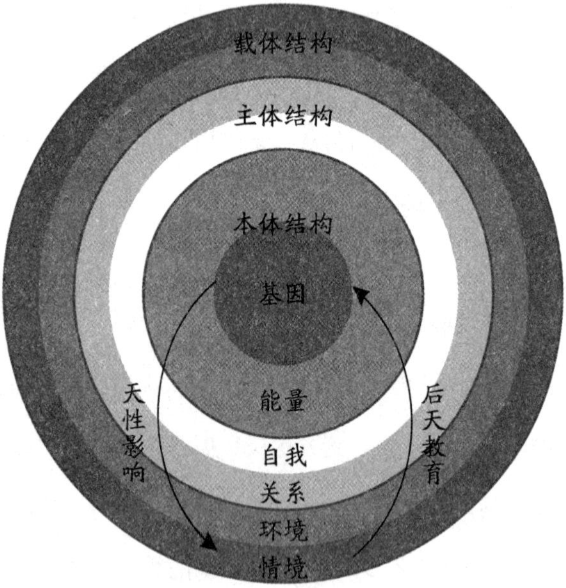

人格发展生态圈

如图所示，人格发展生态圈分成三层结构，最内层是生命本体部分，分成基因与能量两个层面，它是人格发展的生物基础。一个人是偏内敛还是外向，是冷静理性还是 浪漫感性，是反应迅速还是稳重缓慢，在很大程度上就与他的生物基因和生命能量特质有关。后天作用只能是加强或是削弱这些能量特质，而不可能彻底改变方向。我们之所以要研究生命，要将一切幸福元素回归到生命本体上来讨论，就是基于这样的奥秘认知，只有尊重生命本体特质，以此为一切干预修炼的基础，才有可能真正帮助到每一个人获得自身意义上的幸福体验与发展。

◎ 幸福使者的传言：只有将一切幸福元素回归到生命本体上来讨论，以此为一切干预修炼的基础，才有可能真正帮助到每一个人获得自身意义上幸福体验与发展。◎

中间层是生命的主体结构，分成自我与关系两个层面，是人格发展的核心因素。一个人之所以形成怎样的内在品格与外在表现，主要就来源于自我的价值认知与关系投射。一个自我价值感强的人，他就会感受到自己在这个世界上是受欢迎的，与人的关系是开放和谐、可信赖的，他在人格状态上的表现就会比较积极、主动、热情、合群，而一个自我价值感较低的人，投射到人际关系中就会比较封闭、冷漠、怀疑、防御感强。而这一部分，恰恰是生命成长修炼的主体，也是幸福心智学习的核心所在。正是在这个意义上，我们将建立良好的自我关系作为幸福生命学习的第一要义。

◎ 幸福使者的传言：自我就像一个连接生命内外世界的开关，也像一

面印照整个生命关系的镜子。自我开关畅通，内外世界便合一，自我镜像清明，生命关系便和谐。◎

最外层是生命的载体部分，分为“情境与环境”两个层面，也就是说，无论一个人具有怎样的自我概念与关系，其生命特质与人格状态都是要通过一定环境和情境中的行为来加以展现的，而他人对于其生命的影响也必然要借助于一定的环境和情境刺激来予以实施，因此，情境与环境便成了生命成长与人格发展的媒介与载体，离开这个外在载体结构，一切便如空中楼阁无以支撑、也无以展现。

好，简单了解了这一人格生态发展圈的内在动力结构系统，便能更加明确人与自我的关系是怎样起着调节生命本体的生物基因、个性能量与生命载体的社会环境、外在因素之间的平衡关系了，也更有助于人们懂得如何恰当把握自我与社会的内在冲突，适时适切做好调整处理，以保持积极、平和、愉悦的幸福心境。

二、关于自我的认知与研究

人类对于自我的认知与研究经过了一个时兴时衰、方兴未艾的曲折发展史。

于1890年最早提出自我概念的是美国心理学家詹姆斯。他在其著作《心理学原理》《彻底的经验主义》中，对“自我”概念进行了详尽的阐述。他认为自我是我们所有经验的中心，只有在理解了自我的背景下才能理解所有的心理过程：“自我是个体所拥有的身体、特质、能力、抱负、家庭、工作、财产、朋友等的总和”。他把自我分为经验自我和纯粹自我。“经验自我”是指人们经验到的客体自我对象，简单地说，就是用“me”来称呼的一切，包括物质自我、社会自我和精神自我三种成分，身体是物质自我的核心部分，社会自我是指自己在别人心目中的形象，而精神自我则意味着一个人内心的或主观的存在。“纯粹自我”则是“I”来指代的那个能动自我或主动自我，以“个人同一性”为核心支撑，由不断更迭和传递其内容的当下思想所构成，即“现在的自我与它想起的那些过去的自我相同”。纯粹自我才是生命兴奋的中心点，它接受不同情绪的震荡，是努力和意志的来源，意志似乎从此发出命令。

而精神分析学派创始人弗洛伊德则从“本我”“自我”和“超我”来阐述对于自我的认知与研究。认为“本我”来自人的本能，在社会生活中表现出追求各种个人欲望满足和个人利益实现的特征，这是人的生物性本能，只知快乐，活动盲目。而“超我”来自社会文化，是个体在成长经历中已经内化为自身价值观念的种种文化信念，其中以道德、信仰为主要内容，超我是人内化了的社会道德原则。这些社会文化与道德信念对个体的要求，往往以牺牲个人服从整体为主，甚至要求个体行为完全道德化，因而与本我相对立。“自我”则是人的理性部分，往往处于社会生活的现实要求、超我的道德追求与本我的利益追求之间，按照现实原则协调矛盾，尽可能地寻找权宜之计，是个体最终行为表现的决策者，时而管理本我，时而服从超我。只有自我知道活动的目的和方向。

而美国人本主义心理学家代表罗杰斯则提出了“现实自我”和“理想自我”的概念，认为自我是个人现象场中与个人自身有关的内容，是个人自我知觉的组织系统和看待自身的方式。罗杰斯继承了詹姆斯的观点，认为自我包括主格我（I）和宾格我（me）两个方面。他认为宾格我是自我意识的对象，同时也是自我意识的本体，它是通过接受别人（社会）对自我的有意识的态度系统而形成；主格我是自我的动力部分，是自我活动的过程，虽然它在宾格我的框架范围内活动，但它具有面向未来的特征，使人可能超出现有的宾格我的框架，使人的行为具有自由意志性、创造性和新异性。罗杰斯还根据临床实践，提出了与现实自我（real self）相对应的理想自我（ideal self）。理想自我代表个体最希望拥有的自我概念、理想概念，即他人为我们设定的或我们为自己设定的特征。它包括潜在的与自我有关的、且被个人高度评价的感知和意义。而现实自我包括对自己存在的感知、对自己意识流的意识。通过对自己体验的无偏见的反映及时对自我的客观观察和评价，个人可以认识现实自我。罗杰斯认为，对于一个人的个性和行为具有重要意义的是他的自我概念，而不只是现实自我。他在临床实践中发现，现实自我和理想自我之间的不一致是导致神经症的原因之一。

研究自我概念的心理学家论点还有很多，这里不一一列举。但美国新精神分析派的代表埃里克森的自我意识发展阶段论还是值得作为幸福生命的重要认知依据来加以介绍。他把人贯穿一生的自我意识形成与发展分成八个阶段，认为这八个阶段的顺序由遗传决定，但是每一阶段能否顺利度过却是由环境决定的，每一个阶段都存在一种“危机”，或称矛盾、冲突。对危机的积极解决有助于自我力量的增强，有利于个人适应环境。人格发展八阶段如下表所示。

埃里克森的人格发展阶段表

年龄段	社会转变期的心理冲突	相应获得的品质	
		积极的	消极的
婴儿期（0~1.5 岁）	信任感—怀疑感	希望、信任	恐惧、不信任
儿童期（1.5~3 岁）	自主感—羞怯感	意志（自制力）	自我怀疑
学龄初期（3~5 岁）	主动感—内疚感	自主和价值感	无价值感
学龄期（6~12 岁）	勤奋感—自卑感	能力、勤奋	无能
青春期（12~18 岁）	自我同一感—角色混乱	忠诚、自信	不确定感
成年早期（18~25 岁）	亲密感—孤独感	爱和友谊	泛爱（杂乱）
成年期（25~65 岁）	生育感—自我专注	关心他人和创新	自私自利
成熟期（65 岁以上）	自我调整—绝望感	智慧	绝望和无意义感

埃里克森的人格终生发展论，为不同年龄段的教育提供了理论依据和教育内容，任何年龄段的教育失误，都会给一个人的终生发展造成障碍。它也告诉每个人你为什么会成为现在这个样子，你的心理品质哪些是积

极的，哪些是消极的，各在哪个年龄段形成，以给我们提供如何让自己更完善、更幸福的反思依据。

最后来说说中国文化对于自我的认识与提倡。中国儒释道三教同源，都非常强调自我的修为与外在的和谐关系。佛家强调“心为本、物为用”，认为一切的外相执著都是被自我创造出来的，因而强调要放下我执，回归本心，慈悲为怀。而儒家以“修身、齐家、治国、平天下”为人格修炼的准则，认为“人人皆可为尧舜”，倡导人们树立“为天地立心、为生民立命、为往圣继绝学、为万世开太平”的理想自我。而道家强调无为而治，倡导将个体自我融于天地大道之中，认为上善若水、与世无争才是滋养万物的最大美善，而大公无私、造福全民才是实现天下长治久安的根本。

◎ **幸福使者的传言：中国儒释道三教同源，都强调自我的修为与外在的和谐关系。相比较而言，西方心理学更强调“自我”本体性，而中国文化更倡导“无我”利他性，两者有机结合应用，才能更有助于生命幸福发展。**◎

相比较而言，西方心理学更强调“自我”本体性，而中国文化更倡导“无我”利他性，就对于生命的幸福影响作用而言，我个人认为两者应该有机结合，但更适于以中国文化为主体导向与终极目标，以西方科学为出发基点与过程手段，从积极主动的自我意识出发去进行不断扩展深化的修炼，从而走向天人合一、物我一体的无我大道境界，才有望推动人类社会向和谐大同的方向发展，从而从根本上保障人人都得以诗意栖居的幸福生活之可能趋向。

三、关于自我的结构与功能

我们知道，人格作为个体生命表现于这个社会的个性“面具”，其实质是认知、情感和行为的复杂组织，是将一个人各个部分组织为一个具有稳定性倾向和一致性模式的整体的机能系统。在人格形态中，是什么使得生理、心理、社会、情感、行为等如此错综复杂的各个部分整合为一体进行系统地运作，并呈现各不相同的个体差异？多方面的证据表明，还是“自我”这个因素起了根源性和决定性的作用。就如同“一石激起千层浪”，石头击中的旋涡既是整个浪花的源泉，也是一圈圈水波涟漪的中心。离开“自我”这个主体来谈论生命幸福，就像空中楼阁一样无以支撑，也像大海漂泊一样难以着陆。“自我”，既是生命自然发展的源泉与核心，也是人格养成教育的落点与归宿。

◎ 幸福使者的传言：如果生命是一条长河的话，那么自我就是被“一石激起千层浪”的那一朵朵浪花的源泉或一圈圈水波涟漪的中心。离开“自我”这个主体来谈论生命幸福，就像空中楼阁一样无以支撑，也像大海漂泊一样难以着陆。◎

那么，到底什么是“自我”呢？在英语中，有两组词汇分别代表人们对于自我的不同理解，一组是ego与self，前者代表自我的有意识部分，后者代表自我的无意识部分，也称为“自性”；还有一组是I和me，这一组更好理解，前者代表主体我，后者代表客体我。以我个人的理解，真正的“自我”应该是个人觉知到自己的一切存在，它广义上是指包括有意识和无意识、主体我和客体我相结合的整体自我系统，狭义则主要指主体我和意识自我。

如前文所述，人们在研究自我的发展过程中，曾出现过许多疑问，比如自我主要是情感、概念还是对自己行为的知觉呢？我们是有一个自我还是有多个自我呢？有没有“公共自我”和“私人自我”“意识自我”和“潜意识自我”呢？如果有，这些自我之间的关系如何？它们与行为之间的关系如何？……以我个人不成熟的拙见，之所以出现这么多的“自我”，是因为人们更多地从心理局部来解剖自我，而不是从生命整体来看待自我，就像“身体自我”“心理自我”“道德自我”只是不同角度的自我形态，而“个人自我”“家庭自我”“社会自我”则是不同场景的自我展现，“现实自我”与“应该自我”及“理想自我”则可理解为自我的现象实然与理性应然或感性期然部分，“显意识自我”和“潜意识自我”则可理解为自我的不同深层结构部分，它们都服从于主体我对客体我、意识自我对无意识自性的一种知觉和判断，是整个自我系统不可分割的各个组成部分。

◎ 幸福使者的传言：在心理学家的研究中，之所以出现这么多的“自我”，是因为人们从心理局部来解剖自我，而不是从生命整体来看待自我。从生命整体观而言，可以简单归结为主体我对客体我、意识自我对无意识自信的一种知觉与判断。◎

若以这样的生命整体观来看待自我，那么，我们就可以比较清晰地勾勒出自我系统的组织结构和层次：

第一是自我意识。主体要意识到自己的存在。发展心理学家认为婴儿在 3 个月左右开始区分自我与他（它），随着物体恒常性的发展，大概到 1 岁半左右就发展起了自我知觉，知道自己的身体在不同情境是连续的，自己的身体有着不同于其他物体的体验，结果是依自己的行为而定的等等，通过这些认知和运动技能的发展，便有了作为主动的、独立的、具有因果关系的动因和自我的发展。而大概在 15 个月左右发展起自我觉察或自我意识——自我反省能力和把自己当成物体来对待的能力，这方面的依据来自于婴儿对镜前的自我再认能力研究，也就是从那时开始，儿童开始用语言在某种程度上把自己和他人加以区别，并且开始表现出一些自我意识情绪反应，如尴尬、自豪、害羞等（刘易斯，1992）。而一个人的自我意识强弱则决定着他对生命关系的认知与调节能力。

第二是自我价值。正是因为意识到自己的存在以及与非我世界的区分，就会逐渐发展出对自我存在价值的判断和评估，比如“我”到底好不好，是否讨人喜欢等等，这种自我价值感就是“自尊”或是“自卑”的来源所在。自我价值感高的人就会比较开放、积极、有责任感和进取心，而自我价值感低的人就容易表现得羞怯、封闭、冷漠和退缩。这种自尊的程度直接影响着自我的一切情感体验与行为表现，或者可以说，高自我价值是一切幸福感的源泉所在，一个高度自尊自信的人，是更容易在任何情境下感知、体验并努力创造幸福的。

第三是自我体验。正是因为主体意识到自我的存在，并且带有一定的价值感去支配这种意识，所以便会形成不同的自我体验，高自尊的人就会更多地体验到爱与喜悦，而低自尊的不信任及自我隔绝则必然会使人产生恐惧感。当然，自我意识强的人比自我意识弱的人更敏感、更深层地进入各种自我体验。自我体验能力意味着一个人是敏感的还是钝感的。敏感的人容易受伤，但也更容易体验到心灵细微处的幸福，而钝感力是一种生存智慧，它可以保护心灵不受一些负面能量的侵蚀，但不知不觉，也把细细品味幸福体验的大门关起来了。

第四是自我控制。自我意识带来自我价值感，自我价值感影响自我情感体验，而自我体验就会驱动自我行为控制的发生。比如，当人对某人某事产生积极喜悦的自我情感体验时，就会驱使着他去加强某方面的行为，而当恐惧、悲伤等行为出现时，就会有意识地退缩自我的行为。也因此，幸福心智模式的修炼，其实就是在增强自我意识、提升自我价值、丰富自我体验的基础上如何做好放大正向、积极情感行为影响，如何避免负面、消极情感行为干扰的自我控制意识与能力。

◎幸福使者的传言：幸福心智模式的修炼，其实就是在增强自我意识、提升自我价值、丰富自我体验的基础上如何做好放大正向、积极情感行为影响，如何避免负面、消极情感行为的自我控制能力。◎

以上结构层次，或许可以说明个体生命的自我从认知到情感到行为连续发展的动力组织系统。相对于上面主体我的各部分内容，客体我部分则对应性地表现为自我概念（个人如何认识自我）、自我悦纳（如何接受自我）、自我调适（如何应对自我）和自我发展（如何改善自我）等几方面的层次内容。幸福生命学习成长的人格养成和自我教育主要是指主体我对客体我的有意识引导与修炼。

四、关于自我的形成与发展

前面我们分析了自我系统的结构与层次，那么，这些自我的特质从何而来？为什么有人自卑有人自信？为什么有的人精神饱满、充满活力，而有的人却萎靡不振或冷漠无情？为什么有的人积极进取而有的人却消极退缩？这就涉及自我概念的形成与发展的问题了。

早在1922年，英国理论家C·H·库利就提出“镜像自我”的概念，他认为自我和社会的概念相互联系，难以分割，他指出：“自我知觉的内容，主要是通过与他人的相互作用这面镜子而获得的。通过这面镜子，一个人扮演着他人的角色，并回头看自己”。这就是说，自我概念是他人判断的反映，这里强调的是我对自己的看法反映着他人对我的看法。由此推导，儿童和青少年的自我概念多半是在与“重要他人”（如父母、兄弟姐妹、其他亲属、邻居、亲朋好友、老师和同学）的交往中通过“镜像自我”而逐渐形成和发展的。

G·H·米德提出了类似库利的看法，他称之为“符号相互作用论”。米德详细地阐述过社会反馈的作用，认为那些特别重要的人物和有意义的个人是“重要他人”，而众人是“广义他人”，这两类他人的反馈都是社会镜子，决定着自我概念的形成。在米德看来，我们所属的社会群体是我们了解自己的一面镜子。我们有能力在想象中处于他人角色，如同他人看我们那样看待自己。一般情况下，自己对自己的看法与自认为他人对自己的看法基本上是一致的，但与他人对自己的实际看法并不经常相符。这是由于我们设想的他人对自己的看法影响着我们对自己的看法，我们对他人看法的设想不一定正确。

M·罗森堡进一步发展了米德的观点，明确指出：自我概念是反省活动的产物，是个体关于自己作为客体的思想和情感的总和。它包括个人同一性在时间和空间上的连续感，由各种态度、信念、价值观、体验以及各种评价成分和情感成分（诸如自我评价和自我新生）所组成，个体以此确定自己。[①]

---

① 摘录自《人格科学》，L·A·珀文 著，华东师范大学出版社 2001 年版。

从以上的论述中我们似乎可以得出这样的“结论”：个体的自我概念首先来自于所属群体中的重要他人的评价和反馈，这种评价和反馈就像镜子一样不断照出我们自己，从而使我们逐步形成对自己的认识并确立自己的形象意识。

◎ 幸福使者的传言：个体的自我概念首先来自于所属群体中的重要他人的评价和反馈，这种评价和反馈就像镜子一样不断照出我们自己，从而使我们逐步形成对自己的认识并确立自己的形象意识。◎

刚出生的婴儿没有过去，也没有如何看待自己的经验，更没有衡量自我价值的标准。婴儿只能通过与人接触，根据别人对自己的看法来形成价值观，在他们长到五六岁之前，孩子的自尊是通过家庭这个外界因素而建立起来的，在这一过程中，父母的一言一行、一举一动或者一个面部表情都是一种信息，会影响孩子对自我价值的判断，来自父母的开放积极的评价容易使孩子形成自信感，自信的孩子可以经受住许多挫折；而缺乏自信的孩子则即便是在取得了许多成功之后还是会自寻烦恼地怀疑自己的价值，一个小小的打击也会让他有天塌下来的感觉[1]。

◎ 幸福使者的传言：来自父母的开放积极的评价容易使孩子形成自信

①《新家庭如何塑造人》，（美）维吉尼亚·萨提亚著，易春丽、叶冬梅译，世界图书出版社 2006 年版。

感，自信的孩子可以经受住许多挫折；而缺乏自信的孩子则即便是在取得了许多成功之后还是会自寻烦恼地怀疑自己的价值，一个小小的打击也会让他有天塌下来的感觉。◎

正因如此，许多心理学家都十分强调早期教养与经验以及母婴关系对自我概念形成及其对于人格发展的影响，美国早在20世纪70年代中期，就以幼儿为中心，构建了从幼儿自身开始到家庭、幼儿园再到社区逐步展开的自我概念课程，以建构幼儿全面的、不断发展的积极的自我概念为总体目标，帮助幼儿培养自尊，形成自信心、效能感、创造力和独立性等，以促进幼儿身体、情感、认知、语言、创造力、社会等人格各方面全面和谐发展。二十年前我正是受到这一自我概念课程的启发，而开始完全以“我”为视点来探索幼儿全人发展幸福启蒙课程的，最后形成整个全能宝宝教育理论与实践体系，这一部分自我概念课程则被进一步深化扩展纳入整个生命成长系列课程之中，具体内容可参阅《播种幸福——全能宝宝教育理论与实践》相关章节。

五、关于自我的关系与重建

好，最后来说说我们如何建立一个有助于生命幸福体验与发展的自我关系。

如前所述，其实人对于自我的认知与价值感在生命早期阶段就已通过“重要他人”的回馈反应镜像而形成，并持续地影响着一生。那么，作为一个已经错过童年人格塑形时期而不可能将过去推倒重来的成年人来说，又如何能够有效改善或重新修复已经形成的自我关系呢？这不禁让我想起了一本书——《生命的重建》（*You Can Heal Your Life*）①。

露易丝·海，美国最负盛名的心理治疗专家，杰出的心灵导师，她是全球“整体健康”观念的倡导者和“自助运动”的缔造者，她揭示了疾病背后所隐藏的心理模式，认为每个人都有能力采取积极的思维方式，实现身体、精神和心灵的整体健康。有人评论这本书是“一本帮助我们找到自尊和自爱、重新构筑自己生活的伟大著作”，还有人说：“假如我不幸被抛弃在一个荒凉的孤岛上，而命中注定只能携带一本书，我会毫不犹豫地选择露易丝·海的这本伟大的著作——《生命的重建》。”这本书让人们意识到，生命中经历的所有事件，都是由过去的思想和信念造成的，每一个负面的情绪、疾病、障碍，原来都是在提醒自己试图逃避的问题，而其实每个人的自我都是有主导权的，只要立足当下，用现在的思想、语言、力量去面对这些问题，“从现在开始爱自己”，那么，人们就能重建一个全新的自我，彻底告别由过去的消极不良信念带给自己的负面情绪，重新拥有一个健康、和谐、幸福的生命价值感。

幸福使者的传言：如果“从现在开始爱自己”，那么，人们就能重建一个全新的自我，彻底告别由过去的消极不良信念带给自己的负面情

①（美）露易丝·海著，徐克茹译，中国宇航出版社 2008 年版。

绪，重新拥有一个健康、和谐、幸福的生命价值感。◎

其实，这些年关于自我修炼的畅销书出品不少。另一本值得推荐的是台湾作家张德芬所著的《遇见未知的自己》，被称为“都市身心灵修行课”，通过一位都市白领女主角同老人与其他配角（老人的学生）间的对话，经由我们每天都可能遭遇到的种种事件，逐渐把眼光从外在的世界，转向我们的内在世界，从而发现我们大多数人都被一些固有的人生模式操控，而成了自己身体、情绪、思想和身份认同的奴隶，而忘记那个真正的自我才是生命的主人。

我特别记得她用马车来比喻人对于这种生命认知的迷失与误区：如果生命是一架马车，那么，是谁决定它行走的方向与路线呢？既不是正在奔跑的马，也不是扬鞭驱赶的车夫，而是车厢里的那个乘客——在外面你或许看不见他，但他才是决定这架马车到哪儿去又如何行走的真正主人，这个乘客，便是每一个人的内在真我。这个真我的作用是：如果一个人充满了快乐、正面的思想，那么频率好的人、事、物都会和他起共鸣，而且会被他吸过来。同样的，如果一个人老带着悲观、愤世嫉俗的思想，那么难怪这个人常有倒霉的事发生在他身上了。因为“亲爱的，外面没有别人，只有自己”，这一经典之语，恰恰说明“我是一切的根源”这一真谛所在，改变自我，便能改善世界，提升自我，便能增进幸福。

◎ **幸福使者的传言：如果生命是一架马车，决定它行走方向与路线的既不是正在奔跑的马，也不是扬鞭驱赶的车夫，而是车厢里的那个乘客，这个乘客，便是每一个人的内在真我。在外在你看不见他，但他却决定着生命的整个走向。** ◎

除了阅读启迪与课堂修炼，其实更重要的自我关系修炼还是需要在生活的实务中进行。生活是永远的修行场与方便门。既然人的自我概念是由他人的镜像回馈而日益造就，即小时候被关爱肯定就容易形成良好的自我价值感，被批评否定就容易形成自卑压抑或逆反抗拒，那么，成年后我们也是能够通过与外在对象互为镜像、相互投射而获得内在自我关系的改善的。

◎ **幸福使者的传言：生命是一场指向幸福的修行，而生活才是永远的修行场与方便门。** ◎

我常说，人与人之间的相遇就是互为镜、互为梯的关系，即通过对方来照出自己，或者通过自己来照出别人，通过别人来成长自己，或通过自己去成就对方，这是人际关系的内在本质，只是常常被包裹在诸如争名夺利或纠结缠绵的各种外在事务中，但若你能层层剖析下去，就会发现透过这些外在事件，其实生命中所遇见的一切缘分，都是关乎未知的自己，只是经由与他们的互动，而将那个深度的自己发掘了出来。比如，你遇见一个所爱的人，你就会发现，原来我有这么美啊，我这么有力量啊，这么富有价值感啊。而若遇到与你纷争冲突的人，你也会发现，原来我有这么愤怒、这么委屈、这么冲动啊，或者是，我有这么冷静、这么包容、这么强大啊等等。人与人之间，就是这样的相互镜照，从来就没有无缘无故的遇见，也如同另一位生命数字研究者苏醒一本书名所言：世上根本就没有遇人不淑这件事儿。任何一面镜子，照出的都是那个不断被发现的自己，一切只在于你有没有勇气去面对，有没有涵养去悦纳，以及有没有力量去改进而已。

◎ **幸福使者的传言：生命中所遇见的一切缘分，都是关乎未知的自己，只是经由与他们的互动，而将那个深度的自己发掘了出来，就像用他人的镜子照出自己一样。** ◎

除了互相当别人的镜子来照出自己的生命潜能真相以外，人与人之间还有一种作用，就是互为阶梯，也即相互利用。这种利用非外在功利，而恰恰是通过内在的镜照来促进相互的生命成长。比如你通过爱而让自己增强价值感，经由挫折而让自己更加强大等等，都皆由人际互动的阶梯攀爬铸就，当然，反之也一样，你也可以通过爱去帮助别人增强价值感，或通过争端让别人变得更加强大或将人踩在脚下，一切就看内在生命如何选择。而选择怎样的方向，便最终决定生命的品质定位与幸福感的层次境界。

我常常感慨，当前社会人与人之间的现象图景往往是：人人都想当别人的镜子，来照出别人的不是，以设法证明自己的价值，却忍受不了被别人照镜子，宁可抱持着那些人性的阴暗迷茫恐惧不放，而拒绝让别人的真性阳光照亮自己的心灵。所以我才那么执著地想要发起“点心灯、开民智、育全人、化天下”的点亮心灯全民公益活动。其实，唯有打开心门来通风采光，才能真正获得幸福的智慧与力量。另一面的感慨是，人人又都希望拿别人做梯子当靠垫，却总是舍不得为别人当梯子去推别人、扶别人一把。其实，把别人推上去、扶上去了，更大的爱与力量，也会自然而然地将自己推上更高的自我发展阶梯。有一句江湖语说得话糙理深，说如果社会人际有阶层，那么，下层是人挤人，中层是人踩人，到了上层才会人捧人。这一句话，与前面章节里介绍的三维能量有相契之合。生命唯有到三维高阶能量，才会自然而然地惺惺相惜、彼此尊贵，而再也不会这样无谓地争来抢去，就如同杨绛老先生所言：不屑与人争。

也因此，这些人际镜梯互动之事，其实归根结底就是如何看待自己、对待自己、打造自己的自我关系问题。你想让别人对自己真诚，那就打开心门展现真实的自己；你想让别人对自己爱戴，那就首先拿出真爱去善待别人；你想让别人为自己捧场，那就首先学会真心为别人喝彩；你想让别人来托自己上高台，那就首先学会为别人扶台搭梯，成全了别人，便也就容易成就自己。这是伴随一生的功课，直到真正“知止而后定”，方能定而后静，静而后安，安而后虑，虑而后得，幸福之路也自然水到渠成地在脚下畅然展开。

◎幸福使者的传言：人与人之间互为镜、互为梯，你若想让别人对自己真诚，那就打开心门展现真实的自己；你若想让别人对自己爱戴，那就首先拿出真爱去善待别人；你若想让别人为自己捧场，那就首先学会真心为别人喝彩；你若想让别人来托自己上高台，那就首先学会为别人扶台搭梯，成全了别人，便也就容易成就自己。◎

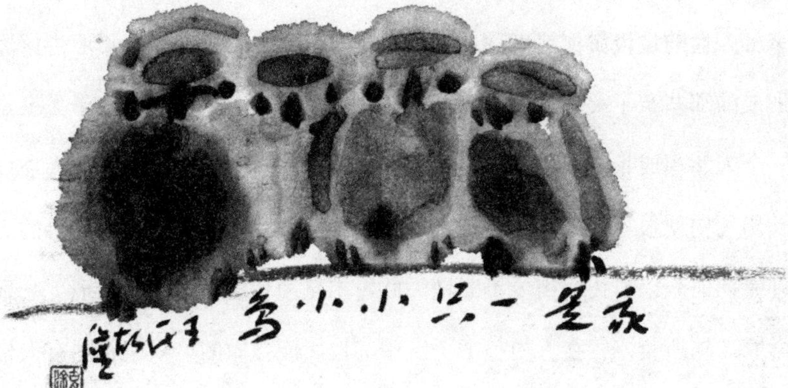
一只小小鸟

亲子关系

前面我们用了不少的篇幅来论述自我关系的相关研究与探讨，也已经提及外在人际关系对于自我发展的密切影响作用，而其中由父母言行所带动的亲子关系，则更是一个人自我世界与生命价值感形成的根源所在。当前有许多心理修炼课程，都会不约而同地指向原生家庭的亲子关系，即如果把一个人的心灵比作一个海洋，那么，一层层挖下去，最后那些牵扯人性的垃圾淤泥或者珍珠宝藏，其实都来自一个人在童年原生家庭形成的那些亲子关系的底座。所以，在这个意义上，我们称亲子关系是一个人幸福成长的安全岛，缺乏这座岛屿爱与安全的依持，一个人在成长历程中便很容易陷入在茫茫大海中漂泊无依的空虚、不安与恐惧的心理漩涡而难以自拔，需要不断地为此付出轮回代价。这也恰如瑞士心理学家荣格所言：“在人的整个一生中，他所应该做的，只是在固有人格基础上，去最大限度地发展他的多样性、连贯性与和谐性，小心谨慎着不让它破裂为彼此分散、各行其是、相互冲突的系统。”①。而现实的真相往往却是，当生命还未能成长到可以去保护自己的人格时，缺乏科学理性的亲子关系，就已经将一个个原本完整的生命灵性折腾得支离破碎。也正是在这个意义上，我们提出从 Whole child 到 Whole person 的全人发展理念，强调从生命开端、从亲子起步来打造“全能宝宝”，才能

① 摘自《荣格性格哲学》，李德荣编译，九州出版社 2003 年版。

有望最大化地保障一个个孩子成年以后能够顺利走向天人合一的完满幸福人生。

◎幸福使者的传言：如果把一个人的心灵比作海洋，那么，一层层挖下去，最后那些牵扯人性的垃圾淤泥或者珍珠宝藏，其实都来自一个人在童年原生家庭形成的那些亲子关系的底座，因此，亲子关系是一个人幸福成长的安全岛，缺乏这座岛屿爱与安全的依持，一个人在成长历程中便很容易陷入在茫茫大海中漂泊无依的空虚、不安与恐惧的心理漩涡而难以自拔，需要不断地为此付出轮回代价。◎

一、亲子关系影响代际家庭幸福

在展开深度的亲子关系分析探讨之前，我想给大家分享一下生活中的一些故事。首先想起几年前在网上看到的一篇博客，题为“我的无性婚姻都是婆婆害的”，可谓是一位已婚女性的血泪控诉，细述她那漂亮爱打扮的婆婆是如何控制着他们小两口的夫妻生活，让他们陷入无性婚姻的痛苦泥潭，而当主人公问自己的老公为何时，这位大男人的回答竟是“我母亲对你的感觉不好，我懒得做”——其实当看到这篇文章的题目时，我就凭直觉意识到这个故事的“罪魁祸首”是母子之间的亲子关系对儿子人格独立的控制。但在看了文章以后，我还是大为唏吁感慨，问题的严重程度远远超过我的想象。

没想到当我分享对这个故事的感慨时，竟然旁边就有朋友响应，说她自己，还有谁谁谁，都处于这样的婚姻状况中，基本都是因为男人的软弱不堪所导致。在我看来，中国的婆媳问题成为世间第一大难题，其根源并不在婚姻问题本身，而是从源头而来的亲子关系出现了问题，父母尤其是强势的母亲从来就没有把儿子当作独立的生命体来抚养培育，而是一直视为自己的私有财产来霸占，或者一直当作永远长不大的孩子来呵护控制。这才是中国婚姻容易起矛盾、容易不幸福的根源所在。那么，又是什么造成这样的“无厘头”婆婆呢？这个问题我们放在亲密关系一节里去分析探讨，此处按下不表。

◎ 幸福使者的传言：中国的婆媳问题成为世间第一大难题，其根源在于亲子关系出现问题，父母尤其是强势的母亲从来就没有把儿子当作独立的生命体来抚养培育，而是一直视为自己的私有财产来霸占，或者一直当作永远长不大的孩子来呵护控制。这才是中国婚姻容易起矛盾、容易不幸福的根源所在。◎

再讲另一个故事。前些日子看到大家在分享一个网络视频，是某个地方电视台的一栏节目，说的是一对夫妻把老父亲告上了节目，说父亲不肯给自己征地卖房款，还逼着父亲写欠条。而节目所传达出来的真实情况是，父亲一个人把儿子拉扯大，给他娶媳妇结婚，儿子儿媳都不工作，靠父亲给人做搬运工养家糊口，甚至还要给儿子儿媳洗内衣。父亲想要孙子，儿子儿媳竟然以生下孩子要父亲抚养为理由来逼父亲写下欠款合同。这个节目，自然引发人们极大的愤慨，觉得养这样的儿子不如养头猪。但让我很遗憾的，是从观众到主持人到专家评委，没有一个人点出这些儿女“不孝”现象的背后，恰恰是父母自身的失职，没有正确认知自己的父母角色，没有建立健康的亲子关系，没有承担起培育儿女独立生存的父母职责，这样的宠溺护犊的亲子关系才造就了如此不可理喻的畸形啃老生命状态，无法生长出自立自强、理性懂事的社会化力量。

◎幸福使者的传言：儿女“不孝”现象的背后，恰恰是父母自身的失职，没有正确认知自己的父母角色，没有建立健康的亲子关系，没有承担起培育儿女独立生存的父母职责，这样的宠溺护犊的亲子关系才造就了不可理喻的畸形啃老生命状态，无法生长出自立自强、理性懂事的社会化人格力量。◎

每次谈到中国家庭亲子关系对于一代代人的成长影响，我便会想起一本对我印象深刻的书《中国文化的深层结构》①。该书作者祖籍浙江，生于重庆，长于香港，在台湾受教育，又去美国深造并任教，或许因此而对中国人性文化有更深刻的对比感悟吧，这本写于上世纪八十年代的

① 孙隆基著，广西师范大学出版社 2004 年版。

书似乎一直到现在还在流行，在很多场合被人提到，确实非常值得一读，可以让我们了解现实生活中的许多人际现象之背后的文化根源问题。记得最深切的，是说中国文化人我界限不清，父母不把孩子当独立的人格来看，小时候像小猫小狗一样养孩子，事事包办代替，不让孩子独立长大，而等孩子到了谈婚论嫁的年龄，又一下子希望孩子少年老成变懂事。因此，中国亲子文化是将成人当儿童、将少年当老年的这种组合，从精神上从未断奶，到成年了还需要撒娇，这恰恰就是因为中间缺少了“性器化”的阶段：将孩子培育成真正的男人和女人，独立担当一个成人自立于社会所需要的一切精神营养。也因此，往往造成许多中国人还处在“口腔化”阶段——喜欢甩嘴皮子讲黄段子，或者处在“肛门化”阶段——喜欢将自己的不良情绪向外在随意发泄，就像停留在小孩子喜欢随地便溺的心理阶段一样。或许原话并非这样论述，但当时阅读的感觉却是深深入心，并在后来看到一些社会现象时都会每每想起，实在是淋漓尽致地透彻。

◎ 幸福使者的传言：受中国亲子文化代际相传的深层次影响，中国人一直有着童年化与老年化的人格倾向，从精神上从未断奶，到成年了还需要撒娇，缺乏将孩子培育成真正的男人和女人，独立担当一个成人自立于社会所需要的一切精神营养。若要根治幼稚化的国民性，必须从亲子文化开始改进。◎

二、亲子关系嵌入人格深层图式

那么，为何小时候的亲子关系会如此深切地影响着一个人的精神发育与心理成长，以致自己成年结婚生子还要受此安全岛的影响控制呢？我用“嵌入人格发展的深层图式”概念来表达这一内涵机制。

前面我们论述过，人的一切自我表征都来自于早期的与重要他人包括同等地位的人之间在情感上的互动关系。打个不恰当的比方，如果我们把“自我”当作一个内在的小孩，那么，“亲子关系”就是首先培育这个小孩如何长大，以及长成怎么样的营养元素。积极和谐的亲子关系，容易滋养出一个健康、自信、友善、独立的“我”，而消极紧张的亲子关系，则会培育出一个封闭、自卑、对抗、依赖的“我”。而当“自我”这个小孩长大成人后，就会把从亲子关系中培育出来的“我”重新投射到其他成年关系中，给予其他关系中的对象以相应的各种回馈：是友善的还是敌对的，是平和的还是激进的，是给予的还是索取的——就如同我们的俗话所言：种瓜得瓜，种豆得豆。

◎幸福使者的传言：积极和谐的亲子关系，容易滋养出一个健康、自信、友善、独立的“我”，而消极紧张的亲子关系，则会培育出一个封闭、自卑、对抗、依赖的“我”。这个内在小孩的“我”，决定着一个人的幸福感之源。◎

但亲子关系对于一个人的生命影响作用，并不仅仅只是让一个孩子变成一个积极开朗的或怯懦退缩的人所能呈现的日常行为那么直截了当，相反，有许多方面的影响作用并不能在儿童成长过程的日常行为中直观地显示出来，而是深埋在儿童人格结构形成的冰山下，成为他成年以后在某些情境触动下不断引发的深度纠结——就像一根刺在小时候扎进皮肉，原来还在表层可见，可长年累月未能得到解决，这根刺就深入肌理，平时隐藏不见，可在某些特定的情境下，就会被不断触及而隐隐作痛，并百般不得解脱。

之所以做出这样的“论断”，在很大程度上基于笔者在现实生活中的感悟所见。当前有越来越多的心理治疗或灵性成长课程开始关注到亲子关系对人格的影响，在这些活动中，引导者会通过各种方式来创造一些情境，让学习者回归到童年经验中，从而让一些平时不易显露的真相呈现。最著名、也最奇妙的莫过于德国心理治疗大师伯特·海宁格（Bert Hellinger）创造的“家庭系统排列”，若非亲身参与或亲眼所见，或许很难令人相信到这些奇妙现象的存在：在课堂里或治疗的现场，让一些素不相识的陌生人分别代表当事者及其与他相关切的人，然后，在活动的情境中，这些代表们便会不由自主地用身体和感受表达出当事者一些久远的关系尤其是亲子关系中的情形。按海灵格的解释，他认为，人本身就是一个身心各要素结构成的系统，他同时又隶属于各个大大小小相互联结的系统，并在这样的社会系统中孕育、出生、成长起来。而家庭是一个人的发展最基本、最重要的系统，有一些隐藏着的、不易被人们意识或觉察到的动力操控着家庭成员之间的关系，这便是爱的序位。如果我们跟随“爱的序位”处理好家庭关系，大家都能够快乐健康成长，而如果我们忽略或扰乱了它的序位，家人就会受困扰，因“牵连”而造成各种身心问题。

◎◎ 幸福使者的传言：家庭是影响一个人发展的最基本、最重要的系统，有一些隐藏着的、不易被人们意识或觉察到的动力操控着家庭成员之间的关系，这便是爱的序位。如果我们跟随“爱的序位”处理好家庭关系，大家都能够快乐健康成长，而如果我们忽略或扰乱了它的序位，家人就会受困扰，因“牵连”而造成各种身心问题。◎

尽管海灵格“家庭系统排列”中呈现的一些现象玄妙得令人难以用科学理性来解释，但撇开这样的现象不谈，我们仍然可以从中受到一些有关亲子关系与人格之间的深层牵连问题的启示，这种深层牵连的程序，便可被称之图式。图式这一概念最初由康德提出，他把图式看做是“潜藏在人类心灵深处的”的一种技术、一种技巧、一种先验的范畴。而以皮亚杰为代表的认知发展理论则进一步认为图式是一种有组织、可重复的行为模式或心理结构，图式一旦形成，便具有相当的稳定性，决定着人做信息选择时相应的内容和倾向偏好，影响主体对注意对象的选择、记忆、自我觉知、行为等等。

打个比方，一个男孩是在自己父亲那儿通过“棍棒底下出孝子”的育儿方式下成长的，那么，当他自己成长为父亲的时候，就会自然而然地对自己的儿子重复这样的“育儿图式”，哪怕他理智上很不愿意这样做，但情急之下难免会有这样的行为发生，这是我们在育儿咨询中多次听到的事实。再比如，一个家庭的夫妻关系是表面上相敬如宾、实际上却相互防御的回避式状态，那么，在这个家庭中成长的孩子便会自然而然地“学会”这种两性关系模式，而在成年后把它带入到自己的亲密关系处理策略中。因此，在很多问题上，一个家庭的几代人中间，便会出现“家庭复演”现象，比如，上代离婚，下代也容易有离异现象，上代家庭不开放、不和睦，下代也容易产生家庭矛盾冲突或隔阂问题等等。

◎幸福使者的传言：一个家庭的亲子关系或亲密关系会形成一种图式，不知不觉地印刻到下一代的心理结构中，从而形成代际传递或家庭复演现象，即下一代会不自觉地使用从父母身上学到的行为模式来处理自己的家庭关系。◎

事实上，这种内在图式的建立在主体的人格呈现上并不总是那么简单明显，却因隐藏深入而常常造成当事人的内在纠结，陷入重重心理冲突而难以自拔。这里再举两个生活中的案例。

一位是女性，不仅人长得秀气灵动，对人亲和热情大方，而且做事能力也很强，又是独女，有很好的家庭背景、教育经历和工作，应该是那种让人称羡喜爱的佼佼女。可她却长久地陷在自我否定、自我怀疑的困苦中，总觉得自己像个没有长大的孩子，无法融入现时的“成人世界”，觉得自己无知而卑微，无法与那些自己觉得说不到一块儿去的“大人们”平等交流，无法独立地存活于世，做事情也无法与人正常合作，因为只要有人提出自己的意见，她就会马上放弃自己的想法，而变成被动接受、服从执行，尽管心底里很清楚自己的主意要更高明、更有效。当一件事没有任何人介入合作、必须自己独立完成时，就能够完成很多自己都认为做不了的事，但一旦有人介入提出反驳意见，就又会马上退缩，变为被动跟从，而且真实地感受到自己不行，是真的不行，虽然在理性上也知道事实并非如此，但在气势上就会完全被对方压倒而进入这种惯性反应。

如果不是听她的一次次描述，外人根本是不会觉察到她如此纠结的内心世界的，最多只是觉得按她的能力，完全可以做出更大的成就而已。我们一起分析她的亲子根源，发现她父亲向来以自我为中心，很刻板、很严厉，在任何时候都要求她家人无条件地服从，母亲为了维护父亲的权威而牺牲她的自主性，她的意见从来得不到支持，比如她要出去玩，父亲不同意，她就自己生气，内心强硬不服，但表面上却表现得听话顺从，甚至刻意保持尊敬的态度。在这个家庭，她从来就没有被当作“大人”

一样对待过，从来没有自由放松地表达过一个真实随性的自我，因而，成长后就一直想要逃避与父母的面对，哪怕是现在自己都结婚育女了，还是一接父母的电话便不想接听而会扔给自己的先生去接，去父母家也是形式上不得不为的“例行公事”，就像这么大了都极其害怕去与一些工作场合应酬一样。童年时期权威与服从、外在顺应与内在抵抗、未能建立自尊自信的亲子交互模式就这样成为一种深层图式，时刻影响着她一直来的成年生活，并深受其困。

另一位是男性，也从小生活在看上去富有教养的知识分子家庭，父母有良好的职业身份，男孩从小聪明机灵、听话顺从、孝敬父母，在父母亲友眼里是人人夸奖的好孩子，长大后也待人亲和、与人为善，并且工作负责、富有创意，深受大家喜欢。但在进入婚姻生活后，便呈现出平时在工作和交友中不易表现的另一面人格特质，在外面能言善道、活泼机灵，在家里却几乎一言不发、死气沉沉，在外面富有创意、善于沟通，在家里却闭锁自我，遇到问题也只是回避而不作任何主动开放沟通，与在外界呈现的状态简直判若两人。据探究发现，原来这就是他在原生家庭中形成的常态模式。这个家庭尽管看上去和和睦睦、客客气气，事实上却是一切以他母亲为中心，母亲在场，大家都战战兢兢，大气不敢出，平时除了听从指令、完成任务及家长李短的一些表面寒暄外，很少能有敞开心扉的交谈，最多就是用看电视、睡觉来填充大家共处的时间。这样的一种家庭浸染，便成为一种关系图式植入到他的内在机制中，而不知不觉地自动反映出来，尽管自己的小家环境已与原生家庭有很大的不同，也并没有这样的权威存在，但一进入这个家庭场，便不由自主地形成图式迁移，而出现这样的“场效应”。

◎幸福使者的传言：原生家庭的亲子关系模式会成为一种“场效应”，控制着一个人的心理反应，哪怕成年后换了家庭环境，但一进入家庭场域，便会不由自主地形成图式迁移，而将原有的心理机制自动反映出来。◎

其实这样的案例在现实生活中还有很多，可谓人格千姿百态，各有表现特点，有的投射到工作场景，有的展现在家庭场所，但几乎都能在其原生家庭的亲子关系、父母关系中找到这样那样的蛛丝马迹。终其究来，我们认为，还是由于亲子关系为儿童的自我形成提供了关系的镜像，从而在人格内我中形成深层图式，这些图式尽管在外在的自我面具中不容易显现，但一进入某个特定的心理场，它便会自然而然地表现出来，投射到现实的相应关系中。若这样的内在表达呈现与自己的意识、理性或现实要求和期望相矛盾、相违背，那么，人就会陷入强烈的心理冲突与痛苦纠结中，极大地影响整个人生历程中的幸福主线，确实应该引起足够的重视与及时的修正。

三、亲子关系呼唤真爱智慧浇灌

那么，为何亲子关系、父母言行会对一个人的人格成长形成如此巨大而深刻的影响呢？这还是需要回到爱与自由作为生命幸福营养元素的根源来剖析探讨。

在一次给父母讲座时，我摘了龙应台《目送》的内容做幻灯片："我慢慢地、慢慢地了解到，所谓父女母子一场，只不过意味着，你和他的缘分就是今生今世不断地在目送他的背景渐行渐远。你站立在小路的这一端，看着他逐渐消失在小路转弯的地方，而且，他用背景默默告诉你：不必追。"

我不知道为人父母的读者们看了龙应台的这些话会有怎样的感悟。我当时向父母们提的问题是：你认为你对孩子是出于真心的爱，还是以爱的名义对孩子控制或操纵？当时当场便有父母落泪。我想，这个泪或许有两层含义：一是感慨现实真相的无情，所谓亲子之缘，只不过是今生今世不断地目送孩子的背影，这的确让人想来伤感；二是确实有太多的父母，是以爱的名义在剥夺着孩子的生命自由成长权利，这也想来令人愧疚自责。

有一个故事，说有人在泰国看到人们总是把作为谋生工具的大象拴在一根极为不起眼的小木桩上，论大象的力气，完全可以轻而易举把木桩拔起，然而这些"庞然大物"们从来不会尝试着挣脱。他非常疑惑，当地人告诉他，是因为这些大象从刚生下来不久，人们就会把它们拴到树桩上，这些被束缚了自由的小象们通常会惊慌失措，不断挣扎，甚至不惜伤痕累累，然而凭它们之力，是无法捍动树桩的。几次反复，小象们显然已经意识到自己根本无法摆脱这束缚，久而久之，当这些小象长成大象后，人们往往只需用一根小木桩就可以把大象们拴住，因为它们已经习惯摆脱不了这种束缚，并且也习惯接受了这种挫折。

这个故事中的大象，就相当于我们的孩子，而父母用来拴住他的绳子，便是我们常常以为的亲子之爱。很多父母以为，给孩子幸福就是包办他的衣食住行，让孩子舒适；就是管住他的行动举止，让孩子安全；就是给孩子准备好房子存款，以后不要让孩子操心；更有甚者，还不想让孩子能够独立自主地做出决定，以显示父母作为保护者的价值存在。而这样的做法，恰恰是剥夺了孩子作为生命主体的幸福力学习机会与权利。等到他终有一天要长大、要独立走向社会时，却发现再也挣脱不了那个心智模式的内在缰绳，再也迈不开寻求幸福的自主步伐了。

◎幸福使者的传言：很多父母以亲子之爱的名义来对孩子事事包办代替或控制操纵，其实这样的做法，恰恰是剥夺了孩子作为生命主体的幸福力学习机会与权利。等到他终有一天要长大、要独立走向社会时，却发现再也挣脱不了那个心智模式的内在缰绳，再也迈不开寻求幸福的自主步伐了。◎

难道父母故意要拴住孩子不让他独立成长吗？答案当然是否定的。但为什么现实情况却总是事与愿违呢？这还是要从父母自身的内心深处去找原因。我们曾经做过一个亲子关系与家长人格期待的问卷调查，发现一个非常有趣的矛盾现象：一方面，在对子女的人格期待上，父母选择排在第一位的是自我独立型人格，也就是说，现代父母最看重的是要让孩子独立自主、自尊自信，高度认同对孩子意愿的尊重以及强调对孩子的鼓励与平等协商等，但另一方面，在亲子关系模式上却又显示有七成以上的家长表示他们希望孩子们服从，并且在实践上倾向采取更为简单粗暴的教育方式①。

这说明什么问题呢？说明中国父母从表面认知上已经意识到需要平等尊重，让孩子独立自主，但从深层意识上却依然还是权威专制作风，希望孩子乖乖服从，希望能够顺利地操控孩子。而这样潜意识行为会不知不觉地形成一种真心实意的“假爱”亲子文化，潜移默化地渗透到孩子“吸收性的心智”中，渐渐成为孩子的一种习惯思维模式，就像上面故事中的小象长成大象一样。还有一些父母，则从不视孩子为不同于自己的个体或另一个独立存在的人，这样一来，孩子可能会感受到爱是靠自己的某些特质赢来的，而不是以真实面目得来的，由于他们需要取悦父母，他们会逐渐把爱看作是身外之物，只有符合一定标准方能得到——这就会造成孩子成年后不断地向外去寻求成功、财富、地位、权力、赏识、

① 摘自《家长人格期待、亲子关系与儿童人格塑造——基于221份问卷调查的实证分析》，作者唐有财。

赞美等等这些替代性的满足，来用以填补自身内在的爱的空洞。

◎幸福使者的传言：父母对孩子表面上尊重自由而内心却想要控制的真心实意的“假爱”行为，会让孩子认为爱是身外之物，从而造成孩子成年后不断地向外去寻求成功、财富、地位、权力、赏识、赞美等等这些替代性的满足，来用以填补自身内在的爱的空洞。◎

瑞士心理学家荣格说，童年时期的影响会在儿童心中永久地铭刻下“母亲原型”或“父母原型”。无论是男人还是女人，在他的无意识深处都不可避免地留下父母带来的积极或消极的影响，而其中最重要的一点在于，父母哪一方施加的影响更大，儿童在个性上总是倾向于对他影响较多的那个人。因为儿童在生命的初始还没有完全的独立性，所以，他们的精神完全反映着父母的精神，而父母的精神失调，必然会影响到儿童的精神世界。如果父母过分亲近溺爱，容易使儿童产生依赖心理，阻碍其个性化的发展，使其缺乏独立，延迟人格的成熟，反之，过分疏远或漠不关心也会使儿童人格畸形发展。父母还应注意不要把自己的精神发展方向强加给儿童，也不应为了某种心理上的补偿置子女的要求与反抗不顾，强迫儿童去发展那些他们不感兴趣或强烈反感的精神内容，这样做会导致儿童人格发展的不平衡，阻碍其心理的健康发展。

◎◎ 幸福使者的传言：童年时期的影响会在儿童心中永久地铭刻下“母亲原型”或“父母原型”。父母哪一方施加的影响更大，儿童在个性上总是倾向于对他影响较多的那个人。若父母将自己的精神发展方向强加给儿童，强迫儿童去发展那些他们不感兴趣或强烈反感的精神内容，这样做会导致儿童人格发展的不平衡，阻碍其心理的健康发展。◎

因此，如果我们想真正让孩子的未来人生更加幸福，就一定要用尊重孩子生命、给予孩子自由、支持孩子独立的真爱与智慧，去与孩子建立健康平等的亲子关系。这样的爱，是宽容孩子的一切存在，是允许孩子按他们自身的方向去成长，哪怕他们只是给我们一个背影——而这样的真爱，终究会成为一种背后的力量，去给予孩子真正有益的影响，帮助他们张开独立的翅膀，去飞向幸福的蓝天。

亲密关系

这里的亲密关系，特指两性之间的婚姻与恋爱关系。写到这一节时，我犹豫良久都无从下手，不知该从哪儿写起，这个亲密关系议题，实在是太复杂、太深奥了，中国人所称的“问世间情为何物，直教人生死相许”以及“清官难断家务事”之类，基本上都与以婚恋关系为核心的亲密关系有关。正因这样的复杂深奥，才有了几千年来层出不穷的爱恨情仇悲欢离合故事。但这又是最影响生命幸福的核心元素之一，因而，我们必须直面梳理、用心剖析。

正在踌躇之间，从一本旧书里翻出一篇近二十年前写的文章：夫妻不是同心圆。好，就从这一篇旧文开始我们的亲密关系探讨。

一、夫妻不是同心圆

与所有多情多梦的女孩一样，我曾经对婚姻充满了神奇的幻想，以为两人的结合是天然合一，从此后相爱的一对同进共出，日日相伴，那日子是何等的浪漫与温馨！但在经历最初的失望与彷徨之后，我顿然开悟：婚姻不是同心圆，夫妻之间不可能永远围绕爱情这个圆心亦步亦趋地共同运转，更不可能完全重叠。和谐而稳固的夫妻关系，更应该是两个相交的圆。

说夫妻是两个相交的圆，是因为它们既存在相关重合的部分，又具有彼此独立的领域。那个相关的部分就是两心相悦的爱情，就是相互牵制的家，就是每日每夜的共同生活，就是繁杂琐碎的洗衣烧饭。而不相关的那两部分，便是夫妻各自不同的兴趣爱好，不同的性格习惯。这里，共同的爱情和生活便是成功婚姻的前提与基础，而适度的独立却是一种距离美，它能使婚姻生活保持永久的新鲜和魅力。为追求重合而丧失彼此的独立，或强调独立而使彼此失去相关的联结，都容易使婚姻陷入危机，甚至走向灭亡。

◎幸福使者的传言：夫妻不是同心圆，而是两个独立圆的相交。相切的部分是双方共同的情感与责任，独立的部分是彼此不同的兴趣与个性。为追求重合而丧失彼此的独立，或强调独立而使彼此失去相关的联结，都容易使婚姻陷入危机，甚至走向灭亡。有合有分、适度距离，才是亲密关系的和谐奥秘所在。◎

生活中几乎所有的夫妻都不自觉地追求两者的重合，男人希望女人和他们一起看球赛，女人总想拉男人一起逛街，谁都想以自己的标准喜好去企求对方的步调一致。殊不知，夫妻本是两个互不相同的圆，婚姻将两个圆拉在了一起，它首先需要相互的适应，使彼此分割的部分成为共同的领域，这其中不仅仅只有浪漫的爱情，还有没完没了的家务琐事，不仅要担负家庭的责任，还要创造共同的志趣。其次还需要彼此的宽容，男女双方都有各自不同的性格爱好，这些不能融为一体的就让它独立存在，并且彼此尊重欣赏，相互支持帮助。

特别值得一提的是，在这两个相交的圆中，最容易依附对方、最容易失去独立的往往是女性。在婚姻生活的洗练中，有的女人为了丈夫孩子牺牲自己的爱好追求，许许多多鲜亮的女孩就这样从爱情的幻想中跌落下来，沦为苍老平庸的家庭妇女。也有的女人将自己的终身幸福挂靠在男人身上而放弃自己的工作事业，过着空虚庸俗的生活，一旦失去男人的爱护，便无法重新面对人生。因此，在此在奉劝所有的女性朋友们，不要只是埋没在繁琐的家务中，不要只沉沦在对男人的期望中，从婚姻的小天地中独立坚强地走出来吧，去读书，去交友，去努力地工作，去积极地创造，去追求自己的成功与幸福。这样，才能永远保持女性自身的魅力，使人生越过越红火、使生命越走越灿烂。

以上文字出品的时候，我自己正处于对于婚姻认知的觉醒期，或许正是这种自我在婚姻关系中的独立反思，才使得彼此能够不以争吵、抱怨、冲动、回避的方式来面对婚姻生活中的矛盾冲突，而只要用“相交”与“独立”部分之比来宽容调和心理上的失望落差，使婚姻关系的行进更趋平和理性发展。但随着生命阅历的成熟与人性探究的深进，我又发现似乎婚姻关系中的奥秘并不像上面文字中那样只要懂得保持各自的独立与相交那么简单，似乎还有更深层的生命法则在控制着这种关系的矛盾发展。因此，我再翻出十年前所写的另一篇文章以进一步深化这一话题的分享探讨。

二、 男人是山，女人是水

作为一名女性，在自身的成长历程和生活体验中，我屡屡感受到与男性在性情及思维方式上的差异，而最终促使我进入男女不同的生命法则探究的，则是源于由孩子教育引发的一场咨询案例。

一家三口来到我的办公室，向我咨询为何原本性情活泼能干的女儿变得闷闷不乐，而我在谈话中却发现了真正的端倪不在孩子，而在两个成人之间。从两人的外形气质上便可以看出，这位母亲是一位非常阳光而自信的女性，打扮得体、谈吐生动、性情开放，而坐在一边的先生，却是含胸低首，不停地搓着手，连眼光都透出一种扭捏拘谨的神情，一看就知道是这个家庭中的“弱者”。事情如我所料，他们夫妻两人原来一起开店，妻子明显是做生意的好手，里里外外都打理得很到位，丈夫便按捺不住了，要求自立门户自己去做生意，可尝试以后生意失败，于是陷入赌博深潭，赌输了便开始彻夜不归，天天在网吧消磨度日，最后发展到几个月不回家，做妻子的三番五次去劝说，想挽救丈夫，这样的家庭情绪自然影响到了孩子。孩子一方面受妈妈的高期望影响，一直很要强，事事都想做得最好，一方面又由于“爸爸不乖”带来心理压力而放不开手脚，再加上新的班级群体竞争使她无法轻而易举地获得高期望的评价，便出现了前面所说的这种心理逃避的现象，其问题的根源便在于父母之间的“男女之争”。

发现了问题的症结，便容易找到解决的路径了。我让做先生的谈谈对妻子的印象，当着妻子的面，这位男士发自肺腑地说出了妻子是天底下最完美女人的感言，并承认自己开始是不服气妻子比自己强而想要去试一试，生意试输了便想通过赌博去赢回面子，赌博输了便用玩游戏的方法来自暴自弃逃避现实。我问是什么最终让你浪子回头的，他说是妻子一次次地去叫他，站在雨里几小时等他，让他感动，让他觉得自己再也找不到比这更好的妻子了。这一番话不仅让妻子当场感动得流泪，也让我感到无比的欣慰。我开导他说，每一位男人和女人都有自身特有的生命价值，他做生意明显就不是妻子的对手，但他性情温雅细腻，完全有适合自己的发展方向，即使外面什么工作也不找，在家里当好开店后勤，做个女儿的好爸爸也是为家庭应尽的责任呀，夫妻之间只有相互配合的情感和责任问题，而没有你低我高的竞争较劲问题，人说，夫妻一条心，泥土变黄金啊，只要一家人齐心协力、恩爱和睦了，孩子的问题也会自然消失的。一番话说得他频频点头，终于直起了腰、抬起了头，绽开了笑容。

这虽然是一个个案，却揭示了一个非常典型而普遍的现象，就是男人“死要面子活受罪”，在一个家庭中，如果妻子比丈夫挣得多，或者妻子比丈夫风光，做丈夫的是十有八九不自在的，有的便偏要拗着劲跟妻子拼个高低，有的便采取内在逃避暗里抗争的方法，有的便向外寻找自身的价值感，而很多的婚恋家庭悲剧便也由此产生。有一位能干的女性朋友一直不明白，她一手扶助丈夫从一个小职员升到政府要职官员，一家人正到了要享受幸福成果的时候，丈夫却外遇恋上了一个地位修养都不如妻子的人，而造成这个婚外恋悲剧的，恰恰就是妻子那时时以功臣自居的心态给丈夫带来的无形压力，而其他女性对他的仰仗欣赏，恰恰让他体现到在妻子面前难以体会到的生命价值感。

其实，当前社会上屡见不鲜的这种婚变现象并不奇怪，其原因就在于男女有着不同的生命法则，如果把男人比作山、女人比作水，那么男性的本质特点就是要挺立、要凸现，女人的本质特点就是要环绕、要依靠。一个再懦弱的男性，都希望在女性面前展现自己的强劲可靠，而一个再能干的女性，都希望心底里有一付男人的肩膀坚实可依。但因为“男人来自于火星，女人来自于金星”，男女之间本没有那么相通的深度了解，便在交往冲突中容易生出许多误会，女人认为男人只要自己的面子不顾女人的感受，自私、绝情、不可靠；而男人则觉得女人事事都要和自己比风头，张扬、无理、不温柔，于是便生出许多的纷争来，而在这样的情绪纷争面前，男人又天生的不善讲理，女人又天生的认着死理滔滔不绝，于是男人便不堪忍受掉头逃避，视而不见，躲进心灵“洞穴”求得一时清静，这便是那著名的《男人来自于火星，女人来自于金星》一书中所说的“洞穴男人”现象。

幸福使者的传言：一个再懦弱的男性，都希望在女性面前展现自己的强劲可靠，而一个再能干的女性，都希望心底里有一付男人的肩膀坚

实可依。这便是男人是山、女人是水的两性关系法则。◎

男人是山，女人是水。山，实而具象，水，虚而善变，这也像极了男女不同的思维方式。很多男性都不了解女性的特点，女人对男人的所求往往不在于你给她买什么东西或是给她做什么具体的事，而在于你是怎样的心意怎样的表达，有时一句话一个动作便让女人心醉情迷、感动不已，而男人往往以为多赚钱回家让女人自己花费、多干活让女人轻松便是爱的表现，而不喜欢玩那些“虚”的东西，说那些“虚”的话，结果让女人生出许多的失望和不满，又羞于像男人那样直来直去地表达，只是暗自伤怀无名起怒，结果一时晴一时雨的发作又越发让男人感到捉摸不透。其实，男人只要学着低下头来细心地体会，女人只要学着挺起胸来直接地表达，那么这其中的误会纷争便会少去许多，人世间的婚恋悲剧便也减去不少。

◎◎幸福使者的传言：男人是山，女人是水。山，实而具象，水，虚而善变。这种虚实不同的两性思维特点，便造成了婚恋生活中的许多误解与沟通障碍。◎

男人是山，女人是水。山，有水而灵，水，因山而秀，这才构成了精彩纷呈的男女世界。既然上苍造就了男女不同的生命法则，便也决定了男人女人必得相知相依相惜才能创造幸福家庭和谐社会。如果男人能够多体察女人的水样情怀，以理性和刚强直面现实，多给女性以浪漫的爱意和力量的支撑，那么即便男人并不需要赚很多的钱做很多的事也可以永远充当女人心中的大山；如果女人能够多理解男人的山雄气概，以温情和宽容坦诚相对，多给男性以欣赏的抚慰和积极的鼓励，那么无论女人做什么工作居何种要位都可以成为男人心中真正的港湾和风景。男女如此相知相惜，便可让更多的情侣顺利结成眷属；夫妻如此相依相助，便可让更多的家庭安定和睦幸福吉祥，便可让整个社会更加和谐安康、健康发展。

◎幸福使者的传言：如果男人能够多体察女人的水样情怀，以理性和刚强直面现实，多给女性以浪漫的爱意和力量的支撑，那么即便男人并不需要赚很多的钱做很多的事也能充当女人心中的大山；如果女人能够多理解男人的山雄气概，以温情和宽容坦诚相对，多给男性以欣赏的抚慰和积极的鼓励，那么无论女人做什么工作居何种要位都可以成为男人心中真正的港湾和风景。◎

当时这篇文章，是为呼应新华社记者的采访稿而写，其中主要观点，在2006年7月16日的《钱江晚报》上以“生命密码：通向幸福人生的路径”为题专版刊发了这一记者采访录，分别剖析了儿童成人之间、男人女人之间、个体群体之间、不同个体之间的生命法则。也正是这样的采访与表达推动，才促进我在这些问题上的进一步深化探究，从而也发现了更为深刻的两性关系奥秘，也深深领悟到，两性之间的亲密关系才是影响生命根源幸福的最深刻、最复杂同时也是最透彻、最便捷的修行法门，它似乎与中国的阴阳之道完全契合呼应，蕴含着天人合一的深度幸福奥秘。下面，我们再以进一步分析男女两性的不同特点，来更理性地剖析探讨这一婚恋亲密关系的深层肌理。

三、 亲密关系是透彻修行

在展开理性分析之前，我又不经意地翻出了二十年前写的另一篇文章：女多男少的世界。当时是针对一位先生提出文学天地女多男少的现象有感而发。现在再看这些文字，依然有两点感悟：一是自己虽然生命阅历增长了近二十载，但似乎女人之心并未有丝毫改变，这是自然法则。二是历史尽管走过了两个年代，但似乎这种社会现象却未有多少变化，只是“女多男少”的现象似乎换作了对灵性成长领域的关注。所以，我便再以一位女性的自然视点来摘录分享一下当时的一些文字，以引发对于两性特质的更理性的社会思考：

为什么会出现这样女多男少的世界呢？

因为女人的世界很精彩，女人的感觉很独特，女人的生活很用心。

男人在山外看风景，女人在山内造风景。看风景用眼睛，看过算数。造风景用心，那山中的一石一木、一花一草都是浓浓淡淡的情愫。

男人用眼睛看世界，用耳朵听音乐，用嘴巴吹牛，用脑子思考。女人在用眼睛、用耳朵、用嘴巴、用手用脚的同时，总伴随着一颗认认真真的心。女人为一本书落泪，为一支曲动情。女人在毛衣里编入幻想，在咖啡里煮进愿望。女人在别一个发夹围一条丝巾的时候也细细倾注这样那样的心情。

女人认认真真地造风景，还要实实在在地留住风景，留给别人欣赏也留给自己回味。有的女人把身上的风景展示在大街上，有的女人将内心的感受消融在交谈中，还有许多钟爱文字的女人爱把对于生活的真真切切的深情交付一支或伶俐或笨拙的笑，而男人却似乎永远懒得费这些在他们看来“无用的”心思。

女人的心和女人的情相通，女人的笔和女人的心贴近。看琼瑶笔下的浪漫，爱情中的女人便以为自己就是琼瑶，读席慕容诗中的哀婉，伤感中的女人便恍若自己成了席慕容。嫁了先生的津津有味地读着侃丈夫的文章，做了母亲的乐此不疲地品着写孩子的字句。

而男人们，在看完体育新闻和股市行情后便把报纸扔在一边，他们宁可三五成群吞云吐雾脸红耳赤地围着牌桌酣战半夜，也不愿坐在灯下含泪带笑地去阅读那些与身边的生活息息相关的清丽动人的故事。

于是，本该男人和女人共同拥有的故事便越来越多地占据女人的心，本该男人与女人平分秋色的心情也越来越浓地钟情于女人的笔。

当然，上面文字中所写的风景带有浓厚的那个时代的特色，现在的男人和女人们，又有了完全不同的表现了，男人们换了一种方式在市场逐利世界里忙乎，而女人们则开始越来越多地走进各种心理课堂或圈子，去寻求回归真我的心灵家园。这也正好应合了生命数字能量学的一种说法，说 19 世纪是 1 数阳性能量主导的世界，以优胜劣汰、弱肉强食的竞争文化为主体引领，但进入 21 世纪以后的世界新纪元，将要转化为 2 数阴性能量主导的时代，而以顺应接纳、多元包容的和合文化为主要力量，因此，这个世纪以后，便越来越呈现两种现象趋势：一是越来越多的女性站上社会舞台，去担当引领作用；二是人类会越来越回归真我，从自身灵性中去寻求这种阴阳平衡的力量。也因此，男女之间的两性关系，便成为越来越重要的修行功课，这不仅仅局限于现实中的婚姻或恋爱关系，而是还渗透到各种相关的两性互动关系中。也因此，我专门写过一篇博文来分析当前社会闪婚闪离或第三者艳照门之类的婚恋乱象，实在不只是男女之间关于你情我爱、情来欲去的表浅之争，而是关乎每一个人所面临的自我与社会、自然与时代之间的矛盾冲突缩影。而天人合一的全人发展问题不解决，这种现象将会屡禁不止，难以根源遏制。

◎ 幸福使者的传言：21 世纪是阴性能量上升主导地位，女性会越来越多地站上社会舞台去担当引领作用，而人类也会越来越回归真我，从自身灵性中去寻求这种阴阳平衡的力量。◎

想到男性与女性的天壤之别，我特意再去找出了日本作家渡边淳一所著的那本《男人这东西》[①]，当时读了这本书，忍不住在扉页上写下这样的感悟："大千世界，阴阳合一，阴生阳，阳滋阴，互为因果，和谐共生。人为自然之子，皆从阴阳法则，知男而识女，觉女而识男，知己知彼，方能从容人生。直面真实，生命便显奇妙而简单，回归本然，人人皆可诗意地栖居。"真是再也没有一个人，能够如此淋漓尽致地描述一个男人的身心成长历程了。当时我就特别地渴望能够再有人写一本《女人这东西》，后来还真发现渡边淳一写的这本书，只是读了却感觉远远没有《男人这东西》这般精彩，看来，隔"性"更如隔山，女人的问题，似乎不那么容易由男人来说清楚，哪怕他是一位深谙人性奥秘的伟大作家。后来找到了一本《女性的奥秘》[②]，是美国女学者、社会改革家贝蒂·弗里丹所著，据说此书引发了美国的女权运动，被西方誉为"女性的圣经"，或许它是起到了这样的社会推动意义，但我怎么看都觉得无法与《男人这东西》相媲美。

在《男人这东西》的封底上，写着这样一句话："人既然作为有生命的物体进入到这个世界，我们就应该让自己的生命更加灿烂，重新唤回生物本应特有的雄与雌的生命光辉。"人生阅历越成熟，似乎就越能理解到这句话的深意，而两性之间亲密关系的修炼之难，也恰在于此，即两性之间的亲密互动不仅要逾越男人和女人具有天壤之别的这条自然

① 炳坤、郑成、陈多友译，文化艺术出版社 2003 年版。

② Betty Friedan 著，程锡麟、朱徽、王晓路译，北方文艺出版社 1999 年版

鸿沟，还要被无止境地纠结在自我本性与社会人格的矛盾冲突之中，而这种修炼对于未能充分发挥“雄与雌的生命光辉”的中国男女来说似乎更是难上加难。

◎ 幸福使者的传言：亲密关系是人生历程中最艰难透彻的修炼。艰难在于两个完全不同成长背景的人却要做最深度的互动与融合，而透彻在于，若能够逾越男女两性间的天壤之别之自然本性而达成和谐合一，那么，其他生命关系便也容易迎刃而解。◎

在前面亲子关系一节所举的案例里，有一位婆婆控制了自己的先生与儿子，让儿媳深尝无性婚姻之苦，这表面上看来似乎是婆婆的刁钻霸道不近人情，但撩开亲子关系问题的表面深挖下去，你会发现根源还在于她自己的婚姻关系未能健康平衡发展：在这个婚姻里，因为丈夫的怯弱无能，她发挥不了女人的本性特质，进而也发展不出应有的健康母性情怀，却用一种非正常的方式来极尽公主般的任性撒娇。而女人这种发育不良的人格状态，又反过来影响男人在婚姻关系中的健康成长，这更加使女人无法满足自性发展的需要，而要加害于下一代。当然，如果追溯下去，他们自己也是上一代亲子关系的受害者。这样的情况在现实生活中非常多，只是以不同的程度与方式存在着。在家庭系统爱的序列排位中，夫妻之爱永远要优先于亲子之爱，如果发生错位，就容易导致各种各样的问题。而中国人的文化传统往往是母子关系是第一序列，这就使得中国人的两性亲密关系总是受着彼此原生家庭的深度粘连，尤其是许多男性，更像是永远被母亲控制着的长不大的孩子，也因此，中国的婆媳关系才变成剪不断理还乱的社会难题。

海灵格说，真正的男女关系，是要女人跟随男人、男人服务女人，这一句话确实高明，它正好揭示了阴阳之道的深度奥秘，即从男性的正极出发到女性的负极接收，再从女性的正极发射到男性的负极接收，形成琴瑟合鸣的和谐闭环。若真能做到如此，两性之间的亲密关系一定趋向幸福美满，而从家庭亲子关系到社会人际关系的迁移扩展自然而然也会更加健康和谐。

◎幸福使者的传言：在一个家庭中，夫妻关系永远优先于亲子关系。而真正的两性关系，是需要女人跟随男人，男人服务女人，如此才能形成阴阳和谐、琴瑟合鸣的和谐关系。◎

有人说，只有完全成熟的男性与女性，才能真正享受到幸福完满的亲密关系，确实很有道理。这里的成熟，当然不只是指身体器官机能上的发育成熟，更重要的，是在内在精神上的健康成长，而能够充分发挥作为一位男人和一位女人的生命光辉。而这样的修炼，也恰恰就是一个人如何将自己打造成“whole person”的历程，正是在这样的意义上，我个人认为亲密关系才是整个生命历程中最为究竟、最为透彻的关系修炼，它既要求男人及女人在自身性别意义上完成走向“whole_man”及“whole_woman”的过程，又要彼此之间能够达到社会合作意义上的和谐互动，两者之间几乎互为因果、相互制约，这实非容易达成之事，它还是需要回到幼年时代的亲子教育：从培养 whole child 开始，否则就得在长长的人生岁月中没完没了地补亲密关系之课了。

四、 感性恋爱，理性婚姻

正是因为人的一生就在不断追求成为完整男人女人以实现完满生命路途的历程，所以便少不了恋爱与婚姻这两大幸福载体。那么，恋爱与婚姻的异同何在，又如何妥善处理这两者之间的关系呢？在此也想用两则小故事来抛出议题。

有一次我去外地出差，约了当地的三位女性朋友碰面，不约而同地，竟然三位都处于婚姻离异状态。其中一位离异最早的，开始讲述她的感悟。她说，当时为了这份爱情，不顾一切地舍弃在省城的心仪工作回到县城与他结婚。可婚后却发现他再也不像以前那样把自己当作手心里的宝，于是开始闹腾并最终导致分道扬镳。当时她以为，自己才二十八岁，又在当地小有名气，完全可以有更多的选择，但没想到十年一晃而过，拖着个孩子，想再找一份令人满意的终身托附竟然是如此之难。最后她找了一位五十多岁的离异男士结婚，本来还指望着对方能够帮她一起承担养育儿子的责任，结果却是彻底失望，在这个问题上，对方的心思只会关注他自己的孩子。因此，她长叹着总结说，早知如此，何必当初。

我相信，这个故事或许是不少人的婚姻悲剧写照。曾经看到过一篇文章，标题写着“他把老公拱手相让给别的女人”，说的是一位女性总是怀疑自己的丈夫心有不轨，便从暗自跟踪查询到变本加厉闹腾，最后真的将丈夫逼出家门离她而去的故事。为什么会屡屡上演这样的悲剧，便是因为有太多人没有理清恋爱与婚姻之间的关系，而陷入无理取闹、自我摧毁的误区。

还有更为严重的故事。一位行内有名的医生因患肝癌英年早逝，其中的根源则是来自婚姻生活的极度压抑。极其强势自我的妻子总是无理取闹，不让他单独出差，不让他自由出行，甚至都不让他在单位与同事吃饭，并且一定要他与自己一起成为基督教徒每周去做礼拜，这还不够，到后来还逼迫着他一起参加唱诗班每周几次去献唱。他的肝癌就是这样被急逼着突发的，而事实上，病因早在长期的生命压抑中孕育蛰伏，只是这一次再也无法逃过而恶化，结果发病短短一个月，便被夺去正当壮年的生命。记得当时在他基督教的葬礼上，我一边听着牧师的祷告一边泪如雨下，在心底里涌起一个声音：上帝没有错，但世间之人，却常以上帝之爱的名义，借刀杀人！从此后，我便对世间宗教实相多了一份警觉与反思，也渐渐形成了生命高于一切、超越一切信仰的价值意识。

幸福使者的传言：费尔巴赫说，唯弱者乃需要宗教，唯愚者乃接受

宗教。人若不能生命自强、心灵自足，便需要诸如宗教信仰、财富名利、权威地位等一些外物工具来做人生依持，但这也恰恰容易被这些工具所控而反而影响生命幸福。◎

而让我从中接受到更大教训的却是对于婚姻与爱情的更透彻认知。我常想，如果她不将他如此这般地控制起来，那么，他们的婚姻就不会如此夭折，而或许还可以享受几十年的幸福时光。还有什么东西，能比生命健康存在，两人可以一直相依相守更重要的事呢？自那时起，我开始真正领悟到，却原来，最彻底的爱，不是忠贞唯一，而是给予对方完全的自由，全然支持对方按自己的生命需求去生活、去成长，哪怕他需要每天呼朋唤友，甚至哪怕他需要与别人花前月下，也情有可原。因为，真正的爱，恰恰是成全对方的生命成长需要，而绝非控制对方的生命之花灿烂开放。

◎幸福使者的传言：最透彻的爱，不是忠贞唯一，不是你侬我侬，而是成全对方的生命成长需要，给予对方完全的自由，去支持对方以自己的方式让生命之花灿烂开放。◎

也正是在这种彻悟之下，我开始重新思考婚姻的实质与爱情的真相。亘古已久的传统观念让我们将婚姻当作一种彼此唯一的专属与占有，占有身体、占有灵魂、占有时间与空间。但生命的真相却是独立成长与相互依持。尤其是研习了生命数字学以后，我更加能够理解为何这人世间会发生如此纠结不止的爱恨情愁故事。是因为每个人的生命诉求是如此不同，就如同那句“食色性也”的经典之语，每个人对于爱情的品味喜好就如同饮食，有的人爱吃奢华大餐，有的人安于家常小菜，有的人则喜好浪漫甜点，各有差别。但不管是哪种品味喜好，人的本性便都有两种需求倾向，一是要吃饱，满足生命成长所需，二是要尝鲜，满足社会好奇所求，也因此，各种婚内婚外的爱情故事便不可避免地一而再上演。尤其是生命数字中每九年一个流年循环，每一个循环中都会有一个流年是要用来处理从心出发的真爱表达与亲密关系的，也因此，生命对于爱的渴求与表达便会在整个人生历程中周期性地频繁出现，这是生命自性的成长需要，也即是生命之花的绽放需要，至于它以怎样的形态来呈现，这就看主人公自己的选择了。

也因此，爱情的真相是，生命需要独立、充分、丰采地成长，而爱的驱动力与互动便成了生命内在成长的依持力量，从生命本性而言难以避免，就像身体成长需要饮食营养一样。那么，婚姻在这其中扮演什么角色呢？以我理解，婚姻是给生命装了一个爱情的框。中国有一句老话，叫没有规矩，不成方圆。这个婚姻，便是给自然生命容易引发的爱情装了一个成方圆的规矩之框。我曾经买过一本《爱情的哲学》①，书中很有

① 理察·大卫·普列希特著，阙旭玲译，商周出版社 2011 年版。

趣地用一种不断长大的鱼来比喻爱情，说这种鱼买来时很小，但长得非常快，如果不给它准备足够大的水箱，它会不停地长到与水箱一模一样大，并且就那样方方正正地塞满水箱，直到再也长不了。这个比喻让我恍然大悟，为何当今社会有那么多婚姻的变故发生，却原来是传统的婚姻之框已装不下现代人主体意识不断觉醒的爱情之鱼成长的需要，所以有效的解决之道是：给爱情重新设个框。那么，在不断长大的鱼与不断调整的框之间，到底人类是应该让社会规则更符合人的天性发展需求，还是要让生命能量活力禁锢在一定的社会结构中？这是一个新的矛盾两难问题。

◎ 幸福使者的传言：爱情的真相是，生命需要独立、充分、丰采地成长，而爱的驱动力与互动便成了生命内在成长的依持力量。而婚姻的实质，则是给不断生长的爱情装了一个限制生长的框。若要两者相得益彰，就要为爱情重新设个框。◎

我为此得出的结论是：人类需要感性看待爱情，更要理性对待婚姻。爱本身没有好坏对错之分，只是生命成长互动行进的需要，杨振宁遇上翁帆结为百年之好，一个是接受生命中最后一份礼物，一个是仰仗生命中的最高偶像而愿意长相厮守。但若论婚姻，则更多应该界定为两个独立个体之间的合作共享与互助共建，也即是，婚姻的选择与坚守一定要有利于彼此生命的充分绽放与完满享受，是为人生幸福增色添彩而非让生命失去光芒。只有在这个意义上，婚姻才真正起到积极正向的社会制约与推动作用。至于婚姻中彼此的归属度与占有度，则完全可以通过双方的契约而定，有的人需要每天相守，有的人或许只要定期相会，有的人完全依赖对方，有的人则愿意选择平分秋色。以笔者更深度的感悟，似乎对婚姻的态度越理性，应该越有利于婚姻的稳定与持久发展。这就像企业之间的合作一样，合作条款越清晰明确，执行合作起来或许就越轻松愉悦。

◎ 幸福使者的传言：婚姻的选择与坚守一定要有利于彼此生命的充分绽放与完满享受，是为人生幸福增色添彩而非让生命失去光芒。只有在这个意义上，婚姻才对爱情双方真正起到积极正向的社会制约与推动作用。◎

那么，如何才能做到这样感性恋爱、理性婚姻呢？以现代人的状态，似乎还需要从发展健康的真爱入手。我曾经写过一篇“爱的病人”博文，提到现在的社会状况：性的混乱、婚恋失常、家庭困顿、人心失所、社会躁动——其实这一切，都是因为人们的“爱”病了，与“爱”有关的一切便都呈现了各种各样的不健康态！何以如此，便是因为爱的实质在于——爱的居所在心，而非心外之物。这里再摘录博文片段来分享探讨：

当爱启动的时候，总是先由心的触碰而发生，所谓“心动”。当心中的爱意开始流动的时候，它会指向两个方向，一是身体，这当然指“性”的冲动，二是头脑，这是指应不应该、合不合适的“理”，哪一端的力量更强，就会走向哪一种行为结果，而不管是走向哪一端，最后都还要回到心房，来再一次接受心的检验与调适。很明显，当爱开始碰撞流动的时候，现在的年轻人是更多地指向身体控的，因而，会很快地“闪性”，或者“闪婚”，等到再回到心房检验的时候，却发现并不是自己的“所爱”，所以就很容易“闪分”“闪离”。而对于更年长的60、70后而言，似乎头脑控的能量要强许多，所以尽管“心动”的机会也不少，但多会用理性去掂量掂量再做出下一步举动判断，也因此，哪怕能际遇到一些爱的机缘，也常常因思前顾后而令其夭折，只在脑中空转对爱的理想追求。

爱在人世间是如此重要，可以说，若没有爱来滋润，个体的生命将失却活力，若没有爱来黏合，群体的社会将无以凝聚。也因此，有关性情爱的讨论从来就没有终止过——只不过，以前的理论多关注爱的“头脑哲学”——关于爱的理想，而现代的理论又多指向爱的“身体技术”——关于性的学问。其实身体和头脑都是爱的通道，却不是爱的主体，性与理想都是爱的表达，却不是爱的主旨。现代人对爱的渴求与缺失，都是因为迷失了爱的所在——心的感悟，于是，有人把物欲当作了爱：宁在宝马车里哭，不在自行车上笑，爱就是找房子找车子找银行数字；而有人“爱不够、性来凑”，热衷于各种各样的性游戏体验，以一时之快来补偿爱之虚空。而至于爱的理想，那只是永远挂在天边的月亮——只可远观，不可近触，所以才有越来越不相信所谓纯真爱情的论调，张艺谋的《山楂树之恋》，或许就是这个年代人对于纯真爱情理想的久远追忆与回望吧。

◎ 幸福使者的传言：从心出发，才是爱的真谛所在，至于是流向身体结合还是头脑控制，则是各人的现实选择。木心说，当爱情显得好时，已不是爱情，而是智慧与道德。这句话的透彻精辟之处在于，唯有智慧，才能使自己在爱中享受，而唯有道德，才能让别人在爱中成全。◎

在心中丢失的爱，却要在别的地方来寻求、补偿，这或许就是爱之病传染迷漫的根源吧。就像那个故事，明明是在房间里丢的东西，却偏偏要到外面的路灯下寻找，理由是：这里亮堂，屋里太暗。是啊，用身体、用物欲、用一切社会的价值面具来诠释爱，那要比只是用心的感受来衡量爱，确实要容易多了，因为看得见、摸得着、便于比较衡量，不像心房那样幽暗神秘，怎么探都探不到底，怎么摸都摸不着边，令人恐惧不安。可是，不管外面怎样亮堂可见，也无论里面多么复杂幽密，真相只有一个，那就是：心是爱的居所，爱从哪里丢失，就必然要从哪里去找回来。

这种爱，既不是身体技术或物欲价值的“形而下”表现，也不是头脑想象或理性判断的“形而上”哲学，而是从心出发到达身体表达，又从心出发形成理性认同的“身心灵”统一体——而不管是否用身体表达或不用身体表达，也不管是否合乎理性判断或不合乎理性判断，那个爱本身，必得要从心出发、服从于心的指令，才称得上是真正的“爱”，它深深根植于心，不管是否选择用身体表达或者用理性控制，它都在那儿，滋润着我们的生命，连接着我们的社会。

而只有，让爱回归心房，让爱从心出发，那么不管它借用于身体或头脑哪种通道，相信都能治愈爱在关系中的疾病。而若能让爱在身心灵的系统中畅通流动、自如到达，那无论是个人或是社会，肯定可以呈现更充满生机、活力和能量的“爱的健康态”。

也因此，只有真正从感性上去看待从心出发的真爱问题，才能更有助于做到从理性上去自觉恪守婚姻的契约、主动承担婚姻的职责，从而使得爱情与婚姻都能起到促进生命灿烂绽放的幸福营养作用。

◎ **幸福使者的传言：只有真正从感性上去看待从心出发的真爱问题，才能更有助于做到从理性上去自觉恪守婚姻契约、主动承担婚姻职责，从而使得爱情与婚姻都能起到促进生命灿烂绽放的幸福营养作用。** ◎

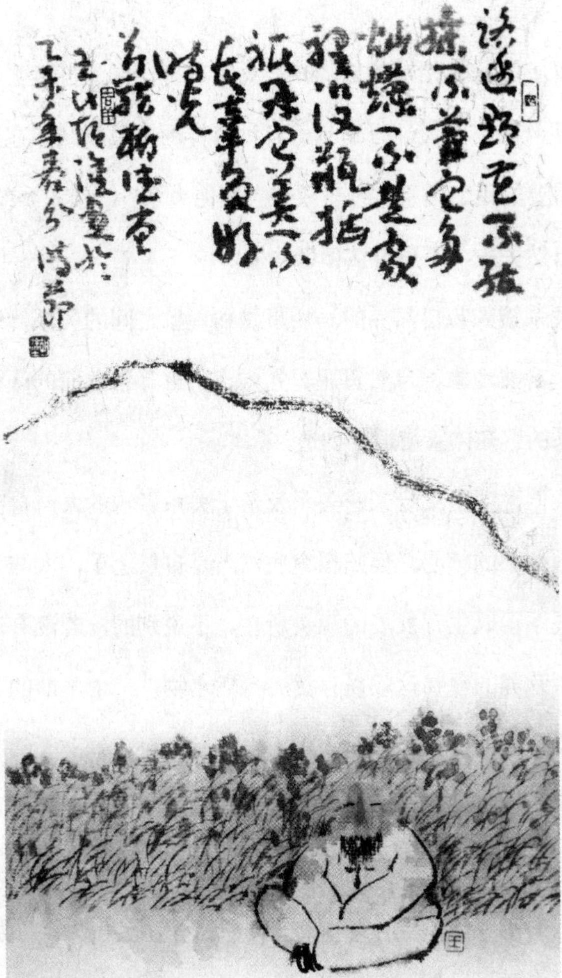

其他关系

除了以上这三大相辅相成的核心关系以外，作为自然之子与社会之才的人类还与宇宙间天地万物有着各种各样的关系联结，在这里，我们概括几种重要的生命关系，统一放在“其他关系”一节里介绍探讨。

一、自然关系：人与自然和谐共生

自然关系指人与自然界的一切事物和现象之间的关系，即人如何对待动植物、自然现象、自然资源、气候、宇宙等各方面的认识、经验及其相互关系的感知体验与适应创造。

虽然我们说深受父母亲密关系及亲子关系影响的人与自我的关系才是一切生命关系的核心，但归根究底，人是自然之子，人与自然的关系才是一切关系得以生存发展的源头所在。不说别的，若没有清新洁净的空气和健康营养的食物这赖以存活的自然之物，一个生命的孕育和诞生都是不可能完成的任务。因此，对于生命幸福而言，人人都有必要去认真思考并用心处理自己与大自然万物之间休戚与共的依存关系。尤其是对于当前正经历着或还将持续面临大气雾霾、水污染、食品安全、地震旱涝、生态失衡等诸多生存环境严重考验的中国公民来说，如何对待这一人与自然的关系问题就显得尤为重要。

综观人类与自然关系的演进史，经历了一个从依赖到对立、从改变到破坏、再从受害到反思的发展过程。远古时代我们人类视自然为敬畏之神，极尽敬仰、膜拜之举，以感谢自然对于我们的恩赐，因为那时人类要“靠天吃饭”，不得不对自然界怀着虔诚的依赖之心。后来，随着人类对自然的了解和驾驭能力越来越强，我们开始渐渐地以藐视自然、“人定胜天”的骄人姿态来肆意地开发、掠夺自然，从而犯下了无数破坏自然环境与生态平衡的愚蠢错误，因而不断遭到大自然严厉的惩罚。现在，当我们终于意识到，大自然是人类所永远无法完全驾驭的并且是与我们平等共处的宇宙共同体时，我们开始从更为客观、更为辩证、更为深刻的高度发出了“珍爱自然就是珍爱我们的生活、善待自然就是善待我们的未来”的心灵呼唤。这便是人类社会进入生态文明时代，摆在我们每一个人面前的重要生命关系问题。

◎ **幸福使者的传言：珍爱自然就是珍爱我们的生活，善待自然就是善待我们的未来。这是生态文明时代人与自然和谐共处的重要幸福命题。** ◎

在这样的历史发展进程中，我们应该与自然之间建立怎样的和谐关系呢？笔者以为要建立以下几点意识。

第一是感恩自然。首先要以一颗感恩之心去善待自然界的万事万物，要意识到无论是新鲜的空气、洁净的水源，还是为我们提供衣食住行之源的动植物与矿石能源，都是大自然的珍贵馈赠，而不是取之不尽用之不竭的理所当然之物，因而必须加以珍视、珍爱、珍惜，不可随意挥霍浪费，更不可肆意掠夺破坏。要以“谁言寸草心，报得三春晖”的爱心真情来报答大地之母对于人类生命的馈赐之恩。

第二是敬畏自然。自然之秘，永无止境。我们所赖以生存的这个宇宙世界，将永远存在着我们人类所无法企及的未知奥秘。正如同老子所言：道，可道，非常道。与天地之道相比，人类只是那个不断突破自我局限的井底之蛙，唯有对自然怀着由衷的敬畏，去虔诚地感知、欣赏自然世界带给我们的奇趣与美妙，我们才能真正地与自然平地平坐、共同创造发展。敬畏自然，就是敬畏我们自己的生命造化。

第三是探究自然。人类之所以能够成为万物之灵，就是因为人有一颗好奇探究之心，从而使得人类不安于被动接受宇宙的安排，而是孜孜不倦地想要认识自然、探究自然，哪怕为此付出生命冒险的代价！探究自然，不是科学家们的专利，而是每一个生命的普遍权利，这只需要在与自然相处时多一份感知、多一份体验、多一份思考，也多一份积极有爱的警觉、防范之心。比如，天气为何这么冷，它为我们带来了什么利弊？雾霾为何这么重，在其背后是怎样的自然运作机制？平常生活中多一份对自然的思考与探究，便让我们多获得一些更深远的生态幸福智慧。

◎幸福使者的传言：探究自然，不是科学家们的专利，而是每一个生命的普遍权利，只是需要在与自然相处时多一份感知、多一份体验、多一份思考，多一份怀着感恩与敬畏的警觉与关爱之心。◎

第四是创造自然。我们与自然的终极关系不是谁战胜谁、谁改造谁的高下输赢问题，而是如何在相互协调适应中获得创造提升的和谐共生发展。因此，我们还需要对大自然怀有一份科学、人文、艺术相结合的创造之心，哪怕通过一花一草的摆设、一鸟一虫的观赏、一沙一石的筑造，而让自然界因我们人类生命的参与而更加和谐美丽，也让我们的生活因自然的装扮点缀而更加幸福完满。

二、物我关系：惜物而不为物所役

当前世界与以往有很大的不同，那便是物质生活极其丰富，社会商品产能过剩，市场上到处都是琳琅满目的商品，工厂企业产品更是供过于求。一般城镇普通百姓的家庭生活，也堆满了各种各样难尽其用的日常用品，完全不同于以前的物质匮乏年代。在这样的时代环境中，便自然而然带来了影响幸福感体验的几大问题：一是对于物质世界失去了原有的好奇与新鲜感；二是对于物质拥有失去了珍惜与满足感；三是对于物质追求陷入了永无止境的贪欲与奴役感。面对这种状况，如何对待物质世界，如何处理物我关系，便成了非常值得探讨的生命关系问题。

要建立和谐积极的物我关系，首先要重新树立惜物意识，即感受到物质世界的珍贵价值。而要做到这一点，首先又要重新建立对于物质世界的新鲜感与好奇心。在研究全能宝宝幸福启蒙课程的实践历程中，我曾经有过非常深刻的体验。在“美丽的服装世界”主题探索中，有一次跟着一个班的师生去参观社区里的裁缝店，以探索服装是如何加工出来的。我永远记得在一个狭小的手工制衣间里，当裁缝师傅拿出一样样制衣工具时孩子们的反应与我自己的旁观感受，如果不是现场聚焦、用心关注，你永远都不会注意到一间不起眼的裁缝铺居然有那么多直尺、曲尺、大剪、小剪、长针、短针等丰富多样的工具，也不会想到一件衣服居然要用到那么多的工具、花去那么多的工夫。当裁缝师傅一边给孩子讲解工具的使用，一边给孩子量体裁衣，仅用几分钟时间就做了一件马夹套在孩子身上时，你不由得从心底里感叹人的伟大不凡，能够创造出这么多的奇妙工具与物品，为我们的生活带来丰富多彩的美感、便利与幸福。也因此，越来越深化扩展我对于“以天地为课堂、以万物为教材”之大生活教育理念的认知与坚定，从而彻底破除了教育技术之框，开始追求用课程内涵与生活资源去倡导教育公平践行之路。因为，只要教给孩子一双善于发现的慧眼，只要培育孩子一份积极关注的用心，我们生活的物质世界，就有足够丰富的资源能够转化为给予孩子幸福营养的教育契机。当然，前提是，我们自己必须首先要有这样的慧眼明心。

◎ 幸福使者的传言：世界上不是缺少美，是缺乏发现美的眼睛，生活中不是缺少幸福，是缺乏感悟幸福的心灵。只要拥有一双善于发现的慧眼及一份积极关注的用心，我们生活的物质世界，就有足够丰富的资源可以转化为有助于幸福感生长的心灵滋养。◎

对于幸福而言，既要培育对物质世界的新鲜、好奇、珍爱之心，又要谨防陷入盲目贪求物质享受而被物化奴役的误区。还记得几年前报道的“达芬奇”奢侈家具造假事件，可以作为人被物所役的案例代表，本来坐卧只要一把椅、一张床，却要整出几万元、几十万元的物欲所求，也怪不得商人们要投其所好、乘虚而入了，这就免不了一些不良之徒会制造一些愿打愿挨的社会畸形事件。中国房事也是如此，明明一个人所需要的空间也就那么几十平方米，却偏偏要贪求几十套、上百套的无度占有，这在个人价值追求似乎无可厚非，可若放在公共社会与自然资源分配角度上，就是非常不人道的资源浪费与掠夺了。而这种本末倒置的物役价值导向，也很容易滋生贪污腐败、违法乱纪等社会乱象，无论从哪方面而言，都对个体生命幸福与社会和谐发展没有任何积极正向意义。

也因此，为了回归着眼于生命本身的幸福发展，我们需要建立以下的物我关系意识：一是回归生命真性，追求适度享受，不要陷入用物质虚幻来建立生命尊严的观念误区。二是珍惜公共资源，建立公平均等意识，不要因自己的挥霍浪费或过度占有而剥夺挤压了他人的和谐共生权利与空间。三是倡导简单生活，物品够用就好，不要让人生为物所役而错过乘物以游心的精神境界幸福风景。

三、社会关系：感恩世界因你而幸福

如果一个人能够建立对于自然世界的感恩敬畏之心，能够激发对于物质创造的珍惜超越之感，那么，他应该能够更加积极理性地处理一切

社会关系了。这里的社会关系，指的是除去前面亲子关系、亲密关系之外的社会人际关系。

中国社会学家费孝通先生《乡土中国》一书中，对中国社会的人际关系进行了一番颇有见地的分析：“我们的格局不是一捆一捆扎清楚的柴，而是好像把一块石头丢在水面上所发生的一圈圈推出去的波纹。每个人都是他社会影响所推出去的圈子的中心。被圈子的波纹所推及的就发生联系”。这便意味着：第一，中国人的社会组织是以自己为中心，而不是以外在的别人、有形的团体或国家为中心；第二，人与人之间的关系是不均等的，有亲疏之分，越是靠近中心，越是亲近；越是远离圆心，关系越疏远；第三，个人与每一圈上亲疏不同的人际关系，都有特定的伦理规范和各自不同的相处之道，方式规则各不相同，这使得中国社会的人际关系带有浓厚的情感色彩，并受着非正式制度的控制。这就像中国“关系学”上人们所调侃的那样：有了关系什么都没关系，没有关系什么都有关系。正是这种因人而异的关系联结，才使得中国法治之力难敌人治之威。当然，也正是因为这种人际差序格局文化，才使得中国古人提出“老吾老，以及人之老；幼吾幼，以及人之幼”这种推己及人的情感涟漪似的人际传递大同社会理想。

◎ 幸福使者的传言：中国社会人际关系呈现以自我为中心，以亲疏为标准的差序格局文化特色，因此，自我心智的成长与生命关系的修炼对于中国人的个体幸福与社会和谐发展就起到尤为举足轻重的核心决定作用。◎

那么，在这样以己及人的中国传统文化意识与公平竞争的现代开放社会观念双重矛盾影响下，我们又该建立怎样的社会人际关系呢？这或许是对于生命幸福感极其重要的另一关键问题所在，就如同最近刚刚发生的又一起城市公交纵火案，看着那么多的无辜生命又被无冤无仇的社会同胞所伤害，任何人都再也无法保持事不关己、高高挂起的淡定与幸福。在社会人际关系日益恶化的时代，任何人都有可能成为一些人为事故的受害者。我们所能做的，只有从自己做起，去努力建立并带动更为积极和谐的社会关系发展。

首先要建立理性的社会关系认知常识。

一些不法分子之所以泄愤于社会，是因为缺乏正确理性的社会关系认知，把一些个人的恩怨简单归因于社会不公，而许多普通人的郁闷不快也往往来自于这种类似的感性体验。其实，若能稍加理性思考，便能意识到人与社会其实是相辅相成、荣辱与共的相互依存、相互促进关系，就像大河无水小河干、小河水满大河涝的道理一样，我们每个人必须首先要做好自己，才能拥有更为良好的社会关系，同时，我们必须在现有条件下尽可能地理解、维护并建立好相关的社会关系，才能让自己的人生更为顺意幸福。这是笔者所认为首先要开民智、化天下的着眼点所在，即帮助每一个中国公民重新建立对于中国社会关系的理性认知常识。

幸福使者的传言：真正的善恶价值依赖于理性而稳固建立，而有效

的理性却根植于基本常识。所以，开民智的当务之急，便是回归基本常识认知，这是公民幸福教育的第一要义。◎

其次要树立善爱的人际价值感恩情怀。

如果能够理解人与人之间相互依存的共生关系，那么，就更容易树立对于人我关系的价值认知与感恩情怀。只要用心去发现、去感悟，你就会觉得其实这个世界上的任何一种人或一个群体，都对我们的生存发展起着不可或缺的幸福联结作用。比如，从远的而言，离开清洁工，无法保持城市环境的洁净，没有搬运工，你不知如何去解决自己的物流问题，哪怕是社区里的一家便利店，家门口的一个修锁摊，平时似乎可有可无，但一旦到真的要用了，就能马上感悟到他们的存在价值。而就近的而言，身边有一些人比如同事、老板、伙伴、邻居等等，或许他们尽管因各种各样的原因而令人不爽，似乎影响自己的幸福快乐，但实质却是因为有了他们，而让你有了工作伙伴、有了事业团队，有了温暖的陪伴与成长的关照。因此，树立一颗与人为善的真爱感恩之心，便能有效促进人际关系的和谐发展。

◎幸福使者的传言：只要用心去发现、去感悟，你就会觉得其实这个世界上的任何一种人或一个群体，都对我们的生存发展起着不可或缺的幸福联结作用。因此，树立一颗与人为善的真爱感恩之心，便能有效促进人际关系的和谐发展。◎

再次要创立积极的人际关系沟通机制。

当然，更重要的还是要学会创立更适合自己也更有利于别人的人际关系沟通机制。其实，许多社会犯罪悲剧与生活误会都是因为人际互动过程中不善于沟通造成。比如马加爵犯罪事件，我就从他的幼年时喜不懂得分享、悲不懂得表达的性格表现中找到了容易形成前因后果的人格缺陷隐患，而提出“命运从人生第一个行为开始播种”的观点（“教育之痒，究竟痒在哪里”，新华网，2004 年 7 月 3 日，记者谢云挺）。其实这样的人际沟通障碍案例在日常生活中比比皆是，只是结果程度不同。因此，在当前社会格局转型时代，人人都更需要关注重视人际沟通，并努力建立适合于自身兴趣与特长的沟通交流机制与策略，让自己的社会关系进入良性循环发展轨道。

◎ 幸福使者的传言：马丁 · 路德 · 金说，历史将会记录，在我们这个社会转型期，最大的悲剧不是坏人的嚣张，而是好人的过度沉默。事实上，当前社会不断地在记录这样的悲剧，足以令人警醒积极沟通与温暖关爱的重要性。◎

最后要构筑开放的社会资源共享平台。

虽然中国人际社会还依然沿袭着费孝通先生所提出的差序格局结构，但时光距今已驶过半个多世纪，经过改革开放洗礼的中国社会实际上已经发生了翻天覆地的变化，由乡土亲属所带来的情感关系学依然存在，但社会圈子却越来越呈开放多元发展趋势，尤其是互联网时代的时空突破，将更加带来中国新型社会关系的全面变革，当前的微信平台便是一个颠覆性的趋向例证。在这样的时代局势中，我们需要与时俱进，不断适应新的社会关系潮流，尤其是需要以更加平等、开放、包容的心态去向这个世界张开怀抱，迎接、联结、共享多元化的社会资源，积极建立适合自己的人际交互与资源共享平台，通过我为人人付出的社会服务意识去构筑人人为我所用的社会关系价值体系。

综而言之，生命降临到这个社会，便成了与这些社会群体不可分割的组成部分。尽管各种不同的人因各种不同的思想和行为而不可避免会产生种种分歧与冲突，但正因为有了人的多样性和差异性，才有了这么丰富多彩的生活，才能创造出如此五光十色的社会。有了这样的认识，我们才有可能真正做到更为理性、更为开放地看待发生在我们周围生活中的每一种事，善待与自己生活息息相关的每一类人，通过帮助别人来成就自己，通过修炼自己去成全他人，让世界因你而精彩，让生活因我而幸福。

◎ 幸福使者的传言：正因为有了人的多样性和差异性，才有了这么丰富多彩的生活，才能创造出如此五光十色的社会。让世界因你而精彩，让生活因我而幸福。◎

四、群体关系：心有所依，爱有所向

最后来说说群体关系。在这里，群体关系是指一种区别于个体泛社会关系的各类社会归属关系的笼统概括，它可以包括组织关系、宗派关系、民族关系、信仰关系等等以一定目标与文化价值来引导群体意识、群体行为与群体凝聚力的社会群体关系。比如，属于某个党派、某个宗教，甚至某个公益组织或某个兴趣爱好群体。

人之所以不可避免地要隶属于某个组织或某个群体，不仅仅是因为团体协作的社会生产现实功利需要，也是影响人生幸福的爱与归属之生命内在价值需要。当人归属于某个群体或组织之后，在某种意义上便相当于为在迷茫黑暗中独行的生命点燃了相互关照的心灯，或者多了相互扶持的旅伴，可以助人明确方向增强力量。在这一点上，无论是民族党派还是宗教信仰，是生活群体还是社交圈子，其实从内核实质上都是起到相似的生命引导与成长依持作用，并无尊卑高下之分，就相当于你选择吃几千几万元的奢华大餐与几十几百元的寻常家宴，在生命营养吸收上是没有多大区别的。

◎ 幸福使者的传言：当人归属于某个群体或组织之后，在某种意义上便相当于为在迷茫黑暗中独行的生命点燃了相互关照的心灯，或者多了相互扶持的旅伴，可以助人明确方向增强力量，无论是民族党派还是宗教信仰，是生活群体还是社交圈子，其实从实质上都起到相似的生命引

导与成长依持作用，并无尊卑高下之分。◎

但有道是物以类聚、人以群分，为什么人们还是要选择不同的社会群体、不同的人际圈子呢？或许还是与人追求的幸福品质与生命协和有关，也即是每一个人都想找到与自己的生命能量和幸福目标更为匹配的资源群体与发展方向。正是在这个意义上，我们每个人都需要去积极关注认真重视适合自己的群体关系选择、建设与维护问题，以让自己获得心有所依、爱有所往的群体归属幸福感。

那么，如何对待我们的群体关系呢？或者，如何建立更适于自己的群体关系呢？以下几点经验感悟供大家参考探讨。

第一，理性看待信仰问题，让信仰为生命服务。

在当前的价值多元转型时代，信仰问题已成为众说纷纭的中国社会乱象，更有许多人在妄传“中国人没有信仰”之说。为此，我特地写了一篇“中国人信什么——一个关乎人性与文化的根本问题”博文，提出信仰即是内心所信，外行所仰，是一个人从灵魂深处去相信什么、坚持什么、倡导什么、反对什么，并用一切言行去敬仰它、听从它、遵循它的指引行走。按照这样的理解，信仰一定不只是群体所归的宗教，也不只是集体统一的党派主义，而是每一个人心灵深处的声音与定力、是灵魂追求的人生方向与践行路线，是来自于每个人内在的主动自我诉求，而不是某个外部的控制力量。

正是因为信仰是每个人的灵魂所求、内心所择，所以，不可能做到人人统一的信仰，尤其是经过几千年文明史的中国人，更是走过了儒释道人鬼神的各个发展阶段，更不容易相信某个特定的信仰，这就像一个地方若只有一种菜，那总是无所异议地要吃这种菜的，但若一个地方的人尝遍了各种菜，便自然而然变得青菜萝卜各有所爱了。这就是中国人的信仰状态——中国人不是没有信仰，而是具有各取所需的多元信仰，而无论是信宗教、信党派，还是信情感、信实惠，其实都为生命的幸福服务，为心灵的成长助力，要以生命为本、为幸福所用，不可本末倒置。

其实，当前社会许多人的不幸福，并非因为“缺乏信仰”，而是头脑被许多身外之物所绑架误导扭曲而迷失生命方向，只要回到自己，回归心灵，遵从生命的真性方向，用爱行走在如实如是的真我道路上，人生自然会长出自由的翅膀，而一旦心灵自由快乐，人内在的道德定律也会与自然星空一起闪耀，这便是天人合一的幸福之道。心灵之路不管有多深远，其本质都是简单纯真素朴的，只有头脑的算计或人格阴影的纷争拉扯，才会让一切变得复杂，才会需要借助于信仰工具来给人统一的方向指引或戒律约束。

幸福使者的传言：许多人不幸福并非因为“缺乏信仰”，而是头脑被许多身外之物所绑架误导扭曲而迷失生命方向，只要回到自己，回归心灵，遵从生命的真性方向，用爱行走在如实如是的真我道路上，人生

自然会长出自由的翅膀，而一旦心灵自由快乐，人内在的道德定律也会与自然星空一起闪耀，这便是天人合一的幸福之道。◎

也因此，如果能够建立对生命本体的信仰，形成对生活本身的热爱，便能直接找到幸福人生的便捷法门，而无需外在信仰的依持作用。

第二，自主选择宗派组织，不为宗派控制所役。

尽管我们提倡以生命为本的直接信念，但许多人还是需要依持各种宗派组织来为自己引领助力，也因此才有了各种不同的宗教信仰价值所在，这本是无可厚非的正常选择。但偏偏有些人，将人性的控制欲投射到宗派组织或群体文化中，借神主或偶像的旨意来强加于人，肆意剥夺人的自主能动权利，甚至压制、伤害、扼杀生命。还有的则以宗教之名来想要否定、批判、摧毁一个国家的政治立场与文化根基，这就完全有悖于宗教与人为善、教人以爱的原本教义，而是将宗教作为了愚化人、操控人的工具，这种迹象在现实生活中屡有出现，需要引起足够警醒与遏制，以免误入歧途。

◎◎ 幸福使者的传言：对于人间鲜活的生命而言，宗教只不过是人们创造出来用以助持生命幸福与社会稳定的手段工具而已，迷失的把神佛当人生明灯，无力的把宗教当依持拐杖，而一些在人性上处于冤屈愤懑的则干脆把上帝当作刀枪棍棒来使，从而造成无谓的伤害。只有回归到以

生命为尊的主体基点，才能让宗教真正为幸福生命发挥积极正向的引导作用。◎

因此，人们在选择归属宗派组织时，一定要保持一份对于生命本身的尊严与珍重，以及对于宗派组织的自主理性觉醒之心，尽可以利用组织的依持来为自己的生命幸福与社会发展服务，同时又要谨防为别有用心的组织力量所奴役控制，这才是对自己生命和他人生命最大的善心与责任所在。

第三，开放对待群体伙伴，宽容悦纳他人异见。

一个人在组织群体中，免不了会遇到这样那样的意见冲突问题。中国文化倡导“以和为贵”，强调“和而不同”，实际上便为我们妥善处理这些矛盾冲突指明了方向，而这也恰是人类社会到了当今无法独尊争霸、必将追求合作共赢的时代指南。而这样的合作共赢国际趋向，需要从每一个人的开放包容心态开始。

繁体上的“开悟”二字，从字形而解即打开心门，让自己的心露出来。其实，让真心袒露是一种非常轻松畅意的体验，但为何会在实际交互中变得那么困难呢？最主要的是源于内心的恐惧害怕，对内害怕露拙，怕让人看到自己的弱点与不足，对外恐惧失去，怕失去权威地位或别人的信任。但这种害怕实在毫无意义。是因为一个人一旦有“拙”，其实是无法捂住的，必然会在群体交互中逐步显露出来，若要掩饰，反而会欲盖弥彰。另外，真实其实是最有力量的，尤其是在当前社会群体结盟越来越多元速变、权威概念越来越受到冲击的时代，真实、真诚、真性反而是最容易获得群体好感支持的有效力量之一。也因此，若要建立好积极和谐的群体关系，怀着一颗平等开放之心，真诚对人、真实对事才是第一要义。

◎ **幸福使者的传言：对于生命而言，真实开放是最大的力量。**◎

那么，如何做到开放心态呢？恐怕要以几个“允许”来放松自己：一是允许自己也有缺点被他人所知，承认自己的不完美；二是允许他人或许比自己强，承认自己有所不及；三是允许自己有不知之处，承认一切皆有可能；四是允许自己不被人认可或仰仗，承认自己的普通寻常。总之，众生平等，各有千秋，而群体，便是一滴滴水的汇聚成河，只要把自己置于一滴水的平等视角，便能安然悦纳他人的异见，也能欣然接受自己在群体中的平凡之一而非唯我独尊了，而这种无我相融的心态，恰恰是群体关系中最需要的品质。

◎ **幸福使者的传言：只要把自己置于一滴水的平等视角，将群体视为一滴滴水的汇聚成流，便能安然悦纳他人的异见，也能欣然接受自己在群体中的平凡之居了。这种无我相融的心态，恰恰是群体关系中最**

需要的品质。◎

第四，真诚作出群体贡献，共建共享平台资源。

在群体关系中，一方面需要抱持开放无我的心态平等融入，另一方面却又要建立荣辱与共的责任意识来自我担当，真诚地为群体作出贡献。还是用滴水与江河来打比方，尽管一滴水毫不起眼，却是整个江河湖海中不可或缺的一分子。中国人的群体关系何以难结合作之力，原因恰在于此。一方面，过度执著于“我”在这个群体中的权威、自尊与“面子”，不易真实、开放地对待别人的异见。另一方面，却又在群体中缺乏人人有责的自我主体意识，不愿抛头露面来担当，而且总觉得缺我一个又无妨，我只要无视，总有人去做，结果，人人都推诿责任，最后殃及大家，这是中国社会常常上演的困境现象。要改变这一点，必须从我做起、从现在做起、从一言一行的小事做起，承担起一滴水在江河湖海中的合力职责，树立我为人人、人人为我的群体服务意识，用自己的滴水之弱去汇集群体合力之强，共建共享合作资源。

◎ 幸福使者的传言：在面对群体时，要无我相融，在服务群体时，要自我担当，这样才能真正形成我为人人、人人为我的幸福群体关系。◎

写到这里，我忽然想起一个故事，说的是一个人想要知道天堂与地狱的区别，上帝就带他先去地狱，他发现地狱的人都瘦骨嶙峋、满面狰狞，这是为什么呢？在吃饭的时候，他发现了地狱人的奥秘：原来，他们都用一个特制的勺子喝粥，勺子的把很长，勺子的头很小，每个人盛出的粥都撒在地上，一点也喝不上，最后桶里没粥了，大家互相抱怨憎恨，吵得不可开交。上帝又带他来到天堂，天堂的人也在吃饭，他们用的是同样的勺子，吃的是同样的粥，但是，他们每个人都把粥盛出来喂给了别人，你喂我，我喂你，结果大家都吃到了粥，互相感恩，互相关照，因为他们深知有了你才有我粥吃的奥秘，因而，天堂的人一个个都白白胖胖，笑逐颜开。他恍然大悟，原来，地狱与天堂本无区别，造成两者之间天壤之别的，是人心。

在群体关系中，最需要的是这样一颗愿意先为他人付出的真诚之心。通过展现自己，去影响别人；通过帮助别人，来成就自己；通过贡献自己，去愉悦别人；通过服务别人，来幸福自己。或许，这便是人与群体之间的和谐关系真谛所在。

本章小结

生命就是关系。人的整个生命历程就在人与自我、人与社会、人与自然这三大领域中的一连串多元关系而展开的历程，如何去联结、适应、调节、创造这些生命关系，便构成一个人对于幸福人生的所有认知与体验内容，也展现出一个人是否能够把握自身和给予他人幸福的所有生命能量。如果能够使这些生命关系积极、平衡、和谐、优质地发展，那么，健康、快乐、平安、财富、成功等等这一切构成幸福的元素，都会在生命中如约而至。

本章内容重点介绍以下几种生命关系。

一、自我关系

自我关系是所有生命关系的核心，如果一个人不能妥善地处理与自己的真我关系，他就不可能处理好这个自我与外界的其他关系。正因如此，古往今来才有那么多的先圣哲人与心理学家都在研究自我。自我关系包括自我意识、自我价值、自我体验、自我控制诸方面的内容。而一个人的自我概念受原生家庭重要他人的评价回馈反应而形成，并持续地影响着一生。若在童年时形成消极负面的自我概念，就需要在成年后通过一定的思想、语言和力量去重建全新的自我，以自己告别由过去的消极不良信念带给自己的负面情绪，重新拥有一个健康、和谐、幸福的生命价值感。

二、亲子关系

亲子关系是一个人幸福成长的安全岛，缺乏这座岛屿爱与安全的依持，一个人在成长历程中便很容易陷入在茫茫大海中漂泊无依的空虚、不安与恐惧的心理漩涡而难以自拔，需要不断地为此付出轮回代价。积极和谐的亲子关系，容易滋养出一个健康、自信、友善、独立的“我”，而消极紧张的亲子关系，则会培育出一个封闭、自卑、对抗、依赖的“我”。这个内在小孩的“我”，决定着一个人的幸福感之源。不仅如此，这种亲子关系的图式还会形成代际传递或家庭复演现象，影响到孩子成年以后的家庭关系模式。所以，若想要促进家庭幸福，就必须从积极健康的亲子关系开始打下坚实的基础。

三、亲密关系

这里的亲密关系，特指两性之间的婚姻与恋爱关系。亲密关系是生命历程中最艰难透彻的修炼，它遵从于以下两性法则：一、夫妻不是同心圆，而是相互交叉又彼此独立，相切的是共同的情感与责任，独立的是不同的兴趣与个性，有分有合，适度距离，才能利于和谐发展。二、男人是山、女人是水，山实而挺立，水虚而依绕，两者相得益彰，才能发挥阴阳之道。三、感性恋爱、理性婚姻，爱是生命成长的需求，而婚姻则是为爱情所设的盟约之框，对待爱情需要从心出发真性相对，而对待婚姻则要理性担当恪守契约，从而使得爱情与婚姻都能起到促进生命灿烂绽放的幸福营养作用。

四、其他关系

除了以上三大核心关系以外，生命关系中还有人与自然和谐共生的自然关系，做到惜物而不为物所役的物我关系，因和而不同而呈现多样精彩的广泛社会人际关系，还有包括组织关系、宗派关系、民族关系、信仰关系等以一定目标与文化价值来引导群体意识、群体行为与群体凝聚力的社会群体关系。每一个人都想找到与自己的生命能量和幸福目标更为匹配的资源群体与发展方向。正是在这个意义上，我们每个人都需要去积极关注认真重视适合自己的群体关系选择、建设与维护问题，以让自己获得心有所依、爱有所往的群体归属幸福感。

生活有難過也
有精彩

第五章 Chapter5

生命历程

无论是生命的意义、生命的能量还是生命的关系，最后都要承载于生命的历程各个阶段来予以展开并实现。这个从生到死的生命历程，就像一本只有封面和封底的书皮，每个人会写上怎样的故事，绘上怎样的色彩，就取决于“谋事在人、成事在天”的自我与社会的相互作用力。而我们所能做的，就是尽可能根据每一个阶段的生命发展规律，来读好、编好、用好这本书的每一个章节，以更加科学、人文、艺术的方式创造出属于每个人自己的精彩人生故事。

接下来，让我们伴随着从幼年、青少年到成年、老年的历程，开始我们的生命奥秘之旅。

般若波羅蜜多心經

觀自在菩薩行深般若波羅蜜多時照見五蘊皆空度一切苦厄舍利子色不異空空不異色色即是空空即是色受想行識亦復如是舍利子是諸法空相不生不滅不垢不淨不增不減是故空中無色無受想行識無眼耳鼻舌身意無色聲香味觸法無眼界乃至無意識界無無明亦無無明盡乃至無老死亦無老死盡無苦集滅道無智亦無得以無所得故菩提薩埵依般若波羅蜜多故心無罣礙無罣礙故無有恐怖遠離顛倒夢想究竟涅槃三世諸佛依般若波羅蜜多故得阿耨多羅三藐三菩提故知般若波羅蜜多是大神咒是大明咒是無上咒是無等等咒能除一切苦真實不虛故說般若波羅蜜多咒即說咒曰揭諦揭諦波羅揭諦波羅僧揭諦菩提薩婆訶

般若波羅蜜多心經

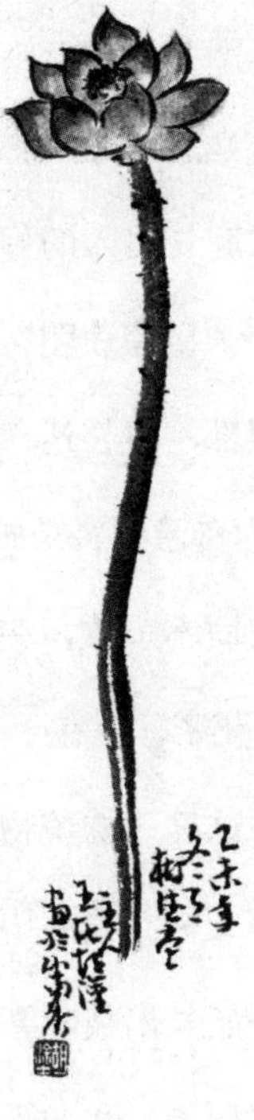

人生百年 始于幼学

在非洲草原上，有一种长得最高的尖毛草，有“草地之王”的美称，它的生长过程十分怪异。在最初的半年里，它几乎是草原上最矮的草，只有一寸高，人们甚至看不出它在生长。在那段期间，草原上的任何一种野草，长得都要比它旺盛，没有人能够看出尖毛草会是今后的“草地之王”！但半年过后，在雨水到来之际，尖毛草就像被施了魔法一样，以每天一尺半的速度向上疯长，三五天的时间，它便会长到一米六至两米的高度。大片的尖毛草，就像一堵突然竖起的墙，让人感到无比的震撼。

这一自然现象，曾引起许多人的好奇。科学家们来到非洲草地，专门研究尖毛草的这一现象。研究表明，尖毛草其实一直在生长，但它不是在长身体，而是在长根部，在长达六个月的时间里，尖毛草的根部长得超过了 28 米，无声地为自己的将来做准备——当它蓄积了足够的营养和能量后，尖毛草便一发而不可收，在短短的几天时间里，一下子长成了草地之王！草地之王的秘密，就在于它的根！

人的生命成长也如同这样一株植物或一棵大树。从出生到六七岁时的早期发展阶段，就像是大树扎根的历程，青少年时期则是生长树干的历程，而到大学阶段就开始长出枝叶繁花，走上社会以后则慢慢结出事业成就与生活幸福的累累硕果。我们现在的社会为何迷途茫茫、躁乱一片？我们现在的教育为何困境重重、屡改不力？原因就像这草地之王，它的秘密就藏在根部！根的早期发育奠定了大树生长形态的基础，根的营养储备决定着枝叶花果的潜能后劲！若根的形态已然长成，再去一味地责怪花叶的枯萎，再去盲目地往枝干上施肥，又能有多少实际成效呢？人生百年，始于幼学，不仅个体人生幸福需要从婴幼儿时期开始扎根生长，哪怕是一个民族、一个国家乃至整个人类社会的幸福发展工程，都需要从人的生命早期阶段开始扎根奠基，而这个幼年之根扎得越深，后期就越能枝繁叶茂并有望结出累累硕果。

◎幸福使者的传言：人生百年，始于幼学，不仅个体人生幸福需要从婴幼儿时期开始扎根生长，哪怕是一个民族、一个国家乃至整个人类社会的幸福发展工程，都需要从人的生命早期阶段开始扎根奠基，这个幼年之根扎得越深，后期就越能枝繁叶茂并有望结出累累硕果。◎

正是在这个意义上，我深切感悟到：中国幸福梦，需要从幼教开始。世界和平梦，也需要从幼学起步。

现在，让我们循着人的成长轨迹，去探寻一下生命早期阶段根的生长奥秘。

一、幸福人生从孕期开始播种

从一个精子与一个卵子在子宫里相遇结合、着床孕育，生命的旅程便开始了。原来我们一直认为，要等到新生命呱呱落地，才开始真正的人生。但越来越多的研究资料表明，在整个怀孕期间，胎儿都通过母体在接受着各种各样的信息，甚至到孩子长大成人时还记忆犹新。这也就意味着，一个人的幸福人生其实从孕育那一刻起，便开始以无意识的方式播种。

先来讲个网络上看到的有趣故事。有人曾经问过音乐家包利斯·布劳特：“你怎么会爱上音乐的？”他犹豫了一会儿，回答说：“说来奇怪，在我出生前，音乐就成了我生活的一部分。”他解释道：“当我年轻时，我自己也感到奇怪，为什么有些作品我可以不要乐谱。我第一次指挥时，尤其是中提琴部分的乐谱，会自然而然地出现在我的脑中，甚至于在翻乐谱本前，这些旋律我已经熟悉了。有一天我把这事跟母亲说了，她是个中提琴手，听了我的话也非常惊讶，直至她得知是哪些作品时，才恍然大悟：原来我所熟悉的乐曲正是她怀孕时经常演奏的。”还有个例子也令人惊奇不止。有一个美国妇女怀孕时曾住在加拿大的多伦多，有一天她听到自己的两岁女孩坐在客厅地板上哼着一个词，回想起这是她在妇产医院临产前作准备时用的词。但她女儿从哪儿学到的呢？从电视？不可能！因为她现在住奥克拉霍马，这儿的电视广播全是用英语；而她的孩子用的却是加拿大的语言，唯一的解释就是她女儿在出生前就听到并记住了这些词。

这些故事只是说明胎儿对外界信息的接收，并不密切地关乎后续的幸福人生。但接下来我要介绍的真人案例，则要更令人感受到其中的深痛之思了。

我编译过一位年近七十的美国教授 Noriko Saito 的自传故事《神风女人》，之所以取这个名字，是指她的生命就像日本神风敢死队一样充满危险、恐惧和绝望，以及她如何战胜这样的痛苦和伤害，从而转化为“神圣之风”的人生故事。她出生于二战时期的日本家庭，她的母亲满心满怀地想要个男孩，生下来却是女孩，于是，由父母的失望所带来的内在恐惧与绝望因子就一直伴随着她长长的人生经历而展开。读了她的出生经历，我才终于明白，为什么她要把这本书介绍给所有的女人尤其是中国妇女看。伴着波涛起伏的心潮节奏，我想起了身边的另一个故事。

有一位如今已经成年了的女孩，是家里的老幺，上面一个哥哥、一个姐姐。按照中国那个年代刚开始实行的计划生育政策，那位母亲觉得有一儿一女已经足够美满，根本不想再生第三个孩子。可这个四世同堂又是男丁单传的老式大家庭，祖辈却希望能够再生一个男孩，于是，这位母亲便奉命无奈再怀了这个孩子，当大家满怀期望地等来她的降生时，却是个女孩。据说，当时接生时，一家之主的老太太正在解手，听到是女孩的消息，半天也不肯从厕所里出来。可谓失望透顶。

这个女孩，大概天生就接收到她不受这个世界欢迎的讯号，在妈妈肚子里的时候，就变着法子折腾，这位妈妈说，前面两个孩子，没有一个像她那样拳打脚踢闹腾的，就像要时时宣告她的存在，生怕你忽略了她。到生下来，那就更不得了，每晚哭闹不休，稍不如意就声嘶力竭地宣告，非到你来哄她为止。在那个困难年代，父母两人撑起上有老、下有小的生计重担，根本无暇他顾，可这个小女孩，硬是用她的特殊方式赢得了妈妈的别样疼爱——因为在她身上花的心思太多了，她用了一个词，磨人。这是一种被折腾得放不下的爱。

女孩长大了，天资聪颖、生性机灵，样样事事都不甘为人下。但因为从小养成的任性，未能很好地进入求学入职之道，便跌跌撞撞地进入了社会，继而建立家庭，结婚生子，完成了成年历程。

但在整个成长过程中，始终有一样东西如影随形地盘踞在她的内心，那就是深度的恐惧与不安。她希望被人爱被人宠，可又不愿意服软低头；她想要体现价值证明自我，却又不敢独立不愿担当。在工作交往中，表扬她的能干特长，她觉得不符合她的自信认同；指出她的弱点不足，却又难以接受极尽抗拒……她的外在表象看上去阳光亲和、让人喜欢，内在生命却像被抛入深海的迷失之物，总是在黑暗中挣扎，既落不到底，也靠不了岸，更升不了空，伴随着生活跌宕，纷争起落，直到不惑之年，才安然落定。

◎幸福使者的传言：一个生命，在很小很小的时候，甚至在受孕的那一刻，就已经接收到散播在这个世界里的所有信息了，家人是否欢迎她的到来，母亲是否热爱她的存在，都像空气一样无时不在地被摄入她的生命体，不知不觉地就融合成其自我认知以及对于这个世界的应对方式。◎

在这个过程中，当有正在研修心理成长课的朋友了解到这位女孩的状况时，就曾提议让她去做一个“重新出生”的心理功课游戏。我不知道这样的功课仪式是否真的对人重新树立自我认知有积极作用，但我深切地感受到，一个生命，在很小很小的时候，甚至在受孕的那一刻，就已经接收到散播在这个世界里的所有信息了，家人是否欢迎她的到来，母亲是否热爱她的存在，都像空气一样无时不在地被摄入她的生命体，不知不觉地就融合成其自我认知以及对于这个世界的应对方式，她会用各种本能性的机制来对抗这个世界的不友好，来显示自己的存在价值，来保护自己不受伤害。因而，若在怀孕、出生过程中未受欢迎的孩子，便会时时处处表达出随时要与这个世界作斗争的恐惧与不安感。那位美国教授的出生历程，让我再一次深深共鸣了这样的感悟。也让我想再一次强烈地呼吁：天下为人父母者，请善待你们已经到来或将要到来的孩子吧，不管他们因为什么而到来，都请用真心实意的爱去接纳他们、怀抱他们，让整个空气中都传递着这样的温暖之语：来吧，孩子，我们欢迎你！这将是一个生命以健康阳光积极之态行走在这个世界上的第一份必不可少的爱！

我写在一本杂志“幸福生命”栏目中的故事，在此想以这样的方式来表达一个生命受孕以及出生时，父母的态度对于生命幸福基因的形成是多么重要。

现在，越来越多的人开始关注胎教，许多人把胎教理解为给胎儿听音乐或接受莫种训练刺激，甚至还有人每天给腹中的胎儿教英语单词或讲故事，但其实，从生命的深层影响而言，最重要的胎教绝不是让肚子里的孩子学什么东西，而是以充满爱的欢欣悦纳心情迎接新生命的到来，每天给胎儿提供一个平安、祥和、快乐、积极的母体环境，让胎儿安然、和谐、健康地成长。这就意味着，在怀孕期，母亲的心境、性情和生活方式都极其重要，不管遇到什么困难，都不要将不安带给腹中胎儿，而准爸爸则更需要从各方面做好胎儿成长环境的建设和维护工作。因为，这不仅仅只是胎儿的发育健康那么简单，甚至还关切到这个孩子一生的幸福奥秘。

◎幸福使者的传言：最重要的胎教绝不是让肚子里的孩子学什么东西，而是以充满爱的欢欣悦纳心情迎接新生命的到来，每天给胎儿提供一个平安、祥和、快乐、积极的母体环境，让胎儿安然、和谐、健康地成长。◎

二、0~3岁蕴藏一生幸福基因

当胎儿终于孕育成熟并健康落地，还只是意味着他具有一颗迎接生命挑战的幸福种子，这颗种子是否能够顺利成长为幸福人生大树？这就像中国那一句“三岁看大，七岁看老”所言，三岁之内便现真谛，七岁之中更定乾坤。许多研究资料表明，0~3岁期间的成长历程，蕴藏着一生的幸福基因。

◎幸福使者的传言：幸福基因，三岁之内现真谛；人生之路，七岁之中更定乾坤。◎

首先我们来看看人的大脑指挥部奥秘。大脑生理学家的研究成果表示，儿童大脑发育在 0~3 岁完成 60%, 是吸收能力最强的黄金时期，3~6 岁完成 80%，6~8 岁完成 90%. 8~13 岁完成 10%，7~13 岁是强化巩固期 . 13 岁以后则是被动改善期。0−6 岁应是大脑发育的最佳时期 。

再从人脑重量的发展来看，出生第一年增长最快，可达到成人脑重的 1/3，3 岁左右达到成人脑重的 2/3，7 岁时脑重达 1280 克左右，基本接近成人的脑重。由此可知，婴幼儿时期是脑重发展的最快时期，而 3 岁之内更是重中之重。

脑科学研究还表明，婴儿出生时大约有 50 亿个突触连接，相当于成年人的 1/10。在人生的最初期，宝宝的每次新体验都会导致他大脑内突触连接的增加和突触密度的显著增大，宝宝长到 3 岁时，突触连接的数目会增加到大致是成人的 2 倍，约 1000 万亿个，然后经过一个修剪的过程，使大脑突触形成优质网络，而这种突触网络便决定智力的发达程度。

许多心理学研究都表明了早期经验对一生发展的影响，比如美国心理学家辛普森研究发现 12 个月大的婴儿的情绪行为可以预测 21 岁后是什么类型的人，1 岁时的焦虑胆怯可以影响到他 16 岁时的不自信及较差情绪管理能力，还有后面的婚姻负面情感及破裂。而一项“伯克莱指导研究”（Berkley Guidance Study）报告说儿童在 2 岁前的家庭情感气氛与孩了 18 岁时的 IQ 特别是言语 IQ 有重要相关，小时家庭情感得分正的，大时 IQ 就高，否则就低。还有人研究了成年人的犯罪现象，发现他们几乎都从小存在着某些不良的性格品质，有的意志薄弱、有的浮躁自负，而有的性格孤僻而不善于处理人际关系。

十年前震惊全国的大学生马加爵犯罪事件曾引起许多犯罪心理学家的研究访谈，其中一篇报道就提到马加爵在家排行最小，一方面备受纵容和溺爱，因而形成我行我素、特立独行的任性脾气，但另一方面，其父亲内向寡言、母亲忙于家务，父母之间常常吵架，因而使他从小不知如何疏泄自己的情绪，总是一个人玩，两岁时父亲给他买了玩具就一个人躲到一边偷着乐，到 15 岁时发现他把对父亲的恨和对奶奶的恨表达在日记中，高中时还有离家出走的现象。这些零星细节访谈报道可以串起马加爵因从小形成的性格“毒素”隐患而最终导致全面爆发酿成大祸的生命成长轨迹，因而我曾经在与新华社记者的对话中，特别提到“命运从人生第一个行为开始播种”的观点，所有的未来发展都可以在人生最初的亲子交互关系中找到从量变到质变的根源所在[①]。也因此，在讲座中我常常对家长们提及“坏”孩子就诞生在父母的言行之中，这种潜移默

① 《儿童教育专家剖析中国教育之“痒”》，记者谢云挺，新华网杭州 2004 年 7 月 3 日。

化的家庭影响在3岁以前便印刻在孩子的生命潜意识深处，并随着成长历程的强化或压抑而伺机发酵，确实要引起足够的重视。

◎幸福使者的传言：命运从人生第一个行为开始播种，所有的未来发展都可以在人生最初的亲子交互模式中找到从量变到质变的根源所在。◎

关于“三岁看大”的生命奥秘，意大利女科学教育家玛利亚·蒙台梭利特别提出一个“吸收性心智”的观点，她认为人在出生至3岁左右，蕴藏着一个惊人的“秘密”：这个时期的生命就像海绵一样，对周围环境中的一切信息进行“全面性吸收”，也像照相机一样将环境中的一切照单摄入，这一时期的孩子会不自觉地、专注地、自发地吸收其周围环境中的一切现象，大人要费60年工夫才能学习到的文化要素，这个时期的孩子却能凭借这种“吸收性的心智”而在短短3年间完全吸收。我本人在0~3岁亲子课程研究中也验证了蒙台梭利的这种观点，即在教学现场看到孩子在跑来跑去，似乎一点都没有听老师讲什么，但父母回家可能就会发现孩子能把课程内容准确地复述出来。这就是3岁以前孩子全面吸收性的心智能量之奇。也因此，他们对于家庭环境中的一切因素，不管是夫妻恩爱、家庭和睦、尊老爱幼等这些良好氛围，还是父母吵架、亲子冷漠、家族纷争等等负面因素，都会不知不觉地照单全收，因而才逐步形成影响他一生的幸福基因。据蒙台梭利著作称，这种吸收性的心智会在6岁后消失。

◎ **幸福使者的传言：刚出生至3岁期间的生命就像海绵一样，对周围环境中的一切信息“照单全收”，大人要费60年工夫才能学习到的文化要素，这个时期的孩子却能凭借这种“吸收性的心智”而在短短3年间完全吸收。**◎

写到这里，我特别想起几年前在一个乡村做公益早教实践基地的见闻，来上学的孩子分为大小两个班，那些三四岁以前的孩子，他们的聪明活泼、晶亮眼神与城里孩子不相上下，经过我们幸福启蒙课程学习后的进步很快，但五六岁以后的孩子就明显表现得行为顽皮、思维呆滞、不易进步……短短的两三年之隔，却因在吸收心智的关键期得不到应有的亲子心灵营养及科学教育引导而带来如此大的发展差异，实在令人震惊心疼，也让人为中国普遍存在这样的现象而对“农村孩子输在起跑线上”的一系列后续社会发展问题深切担忧。无论从这些占中国人口一半以上的孩子个体的幸福人生发展，还是由这些孩子成长以后有可能造成的整个中国社会的和谐幸福安定而言，农村孩子亲子成长的早期干预问题，已成为刻不容缓的问题，需要引起国家有关部门的足够重视。

◎ **幸福使者的传言：及早干预农村亲子教育，不仅关乎是否让农村孩**

子输在人生起跑线上的问题，更关乎整个中国社会和谐安定的幸福基因培育问题。◎

正是因为0~3岁期间的早期经验对于一生幸福的深层潜质影响是如此重要，因此，为人父母者需要尽可能对这个阶段的一些生命特征与发展规律及早认知、及时防范、随时觉察、全面关注，既要了解孩子的特点反应更要管好自己的言行。以下四点建议供父母们参照而行。

1. 科学认知，把握婴儿的身心发展规律。

因为早教市场的风行，现在可以从各种媒介找到关于0~3岁身心特征的知识介绍，但总体而言，我还是觉得这些有关大肌肉动作、精细动作、语言、感知觉、思维等方面的知识介绍及相应的课程训练还是存在容易让完整生命人为割裂的弊病与局限，大家在阅读与应用时一定要重新建立整体生命发展的意识，否则就容易陷入如同懂得了橘子的色、形、嗅、味，却不认识整个的橘子这样的“无人”教育误区。若要系统认知婴儿期的身心发展特点，建议可阅读《婴儿心理学》，目前中国有孟昭兰著，北京大学出版社的版本，以及庞丽娟、李辉著，浙江教育出版社的版本。另外，许多高校的发展心理学教材也有相关介绍，我比较喜欢推荐《儿童发展心理学》[①]一书。至于如何根据这一时期的年龄特点来开展幸福人生初始启蒙教养引导，到时可以参照接下来要陆续出版的“全能宝宝”

---

① 李丹主编，华东师范大学出版社1987年版。

系列教材读物。

◎ **幸福使者的传言：知己知彼，百战不殆。要从小播种幸福人生，就必须确切把握生命之树的整体特性与各个阶段的成长规律。◎**

2. 积极互动，建立健康的亲子情感关系。

如前所述，亲子关系是一生幸福的安全地基，而 0~3 岁又是亲子依恋关系建立的关键期，而在这一时期建立的这种独立还是依赖、亲密还是冷漠的情感关系与处理能力，将会影响孩子未来成长的各方面生命关系，无论是学习期的同学关系、师生关系还是婚恋期的亲密关系、亲情关系，还是职业期的同事关系、社会关系，都无可避免地会被打上这个幼年早期的烙印。因此，从孩子孕育降生的那一刻起，父母及其带养人就需要树立积极主动的亲子交往意识，在孩子衣食住行的各个生活环节中都要充满热情、耐心有爱地与孩子说话、交流、游戏、互动，给孩子及时的关注、回应与鼓励、支持，以充分满足孩子的依恋感、安全感、信任感与自主感，为一生情感良性发展打下坚实的基础。接下来，我们也将推出系列亲子学玩创意活动，以引导父母在寓教于乐的日常生活情境中促进爱而智慧的亲子关系实效发展。

◎ **幸福使者的传言：三岁以前是亲子依恋形成发展的关键期，这一时**

期最好的幸福营养就是亲子陪伴，父母既当孩子的老师，又做孩子的伙伴，在寓教于乐的学玩游戏中度过丰盛的亲子时光。◎

3. 以身作则，创设良好的家庭文化氛围。

正是因为 0~3 岁的孩子具有全面吸收性的心智特征，因而，整个家庭环境与心理氛围都是孩子的幸福学习场，而父母及其带养人便是这些幸福基因的缔造者与培育人，“家庭是人格的工厂”的名言便来自于此。而这些幸福基因又是通过无意识的吸收而摄入孩子的精神胚胎，这就意味着父母及其带养人必须关注重视自己的言行修养所给家庭带来的心理文化环境氛围。比如，你想要让宝宝学到爱，首先父母自身要彼此恩爱相处、尊重家人；你想要让宝宝喜欢阅读，父母自身要学会静心阅读，营造学习氛围等等。记得有一位母亲向我请教为何她女儿才三四岁就要涂口红染指甲，很显然，这就是向妈妈学习的结果；而另一位家长则很纳闷为何他刚上中班的孩子就提出要他去向老师送礼开后门以让他当班长，我让家长自省一下自己平时在家里谈论些什么，他就笑了，说确实是他们的言行做法对孩子造成了耳濡目染的影响。因此，想要让孩子幸福一生，就必须从小在孩子面前严以自律，随时检点自己的言行修养，注意创造良好的家庭心理环境与文化氛围。而要做到这一点，父母自身要善于学习，全面提高父母素养，从而自然而然地形成以身作则的文化榜样。

◎幸福使者的传言：坏孩子就诞生在父母言行之中。早期教育的奥秘，就是父母与孩子一起成长。◎

4. 丰富环境，提供充分的科学多元刺激。

对一个人的幸福追求而言，心理情感等非智力因素重于智力因素，但丰富的认知也是影响幸福人生的阶梯杠杆，所以早期心智开发依然是重要幸福密码。只是这个阶段的认知学习并非只依赖于有形的教学，而是更应该注重无形的吸收。因此，需要在家庭环境中多做文章，可利用墙面、空间、角落来设置各种有利于视觉、听觉、嗅觉、味觉、触摸觉、运动及语言、认知、注意、思维、想象等能力发展的丰富多元刺激物，尤其是可在色彩、形状、造型、类别、功能的多样性上下工夫，让孩子这一时期的“海绵”性心智能够吸收到更充分的幸福生命营养元素，为下一阶段的建构打下丰富的基础。当然，环境中的安全性也至关重要，尤其是3岁以前的孩子，更是好玩多动又缺乏自我保护意识，父母需要提供充分安全合理的家庭环境。具体建议可参照《换种思路做父母》《时时处处是教育》等丛书及将要出版的《父母大学专家讲座》系列光盘。

◎幸福使者的传言：以天地为课堂，以万物为教材，生活时时处处是教育。◎

曾经在与一位人类学研究者交流中听说过这样一句话，大致是说人类在婴孩时期的尿布上即已留下一生发展的轨迹。无从查寻这一句话的出处，但细细想来却颇有道理。尿布似乎微不足道，但这一时期的生命印记，却对每一个体的幸福人生及整个社会的良性发展而言，都打下了举足轻重的幸福基因播种基础，理应引起足够的关切重视。

三、3~7 岁建构幸福大厦之基

按蒙台梭利根据“童年的秘密”设计的“自然程序表”所指，当 3 岁前的孩子在环境中吸收了最初的“生长元素”之后，到了 3~6 岁，就要利用这些元素来进行“搭建”了。因为这一时期是孩子有意识地通过行为对环境吸收进行“建设性完善”的过程，是对前一阶段吸收的这些环境信息进行加工、建设和发展的时期。打个比方，如果孩子的精神发展是搭积木或织布的过程，那么在 3 岁以前就是儿童运用自己的心理能力收集到尽可能丰富的积木或纱线材料，到 3~6、7 岁阶段就是在成人的引导下把这些积木搭建成房子或把这些线纱经纬有序地织成布料的过程。如果前一阶段所收集的材料信息不足，这一阶段还可以弥补调整，但错过这个时期，心智方面的许多敏感期都已过去，孩子完成了对周围世界的初步适应，人格雏形也就基本形成，就难以彻底改变了。

根据这样的生命奥秘分析，我们大致便能更透彻地理解“三岁看大，七岁看老”的幸福人生大厦奠基之深意了。也就是说，从有形教育引导的意义上，3~7 岁才是幸福力学习的第一关键期，错过这个关键期，整个生命历程中的许多影响幸福的失误、隐患、歪曲、匮乏等等心理因素，都将会付出未来纠结人生的艰难痛苦代价来予以弥补与纠偏。而这些，才是真正造成人们不幸福的根本源由所在。

◎幸福使者的传言：播种行为，收获习惯；播种习惯，收获性格；播种性格，收获命运。婴幼阶段的幸福播种，决定一生的幸福收获。◎

那么，在3~7岁阶段，人的生命有哪些主要特征和发展规律，又该学习哪些东西才能有效建立幸福人生大厦的稳固地基呢？这是一直以来容易让人迷茫困惑的大问题。以前人们对幼儿教育不太重视，将孩子作为成人的附庸，只要吃好穿暖安全养大就行。到后来，受智力开发关键期的影响，又觉得不能让孩子输在起跑线上，得要拼命地学这学那才不错过孩子的先天潜能，因而便大力提倡天才宝贝、小博士之类的概念，再后来，则发现健康、快乐似乎比智力开发更重要，于是又开始倡导快乐童年、阳光宝宝之类的教育理念。整个幼儿教育，就在这样的成人认知进程中风云变幻、缭乱发展。

在企业规划上有一句话叫“以始为终”，即定好终极目标，认清方向再开始动手做事，这样可以避免误入歧途白费工夫。其实养育孩子更需要如此，若能站在整个生命历程的终极目标进行思考，那么，这个人生第一关键期的教养问题就不会那么纷乱复杂，而完全可以通过抓大放小、重主轻次、行近思远的方式来达到“咬定青山不放松、凭尔东西南北风”的从容与坚定。

那么，什么才是这一阶段最重要打下的幸福之基呢？在《播种幸福——全能宝宝教育理论与实践》一书中已有全面论述，这里再提纲挈领地交代一下关乎人生大局、主体成长与持续发展的几个重要问题。

首先是全人发展问题。

既然3~6岁是幸福大厦的全面奠基建构期，那么需要建立什么样的幸福地基呢？最重要的当属全面人格成长的雏形基础，人生百年、始于幼学，幼儿养性、童蒙养正，也多指这种人格奠基，而非只是知识智力技能等。因而我们才提出“全能宝宝”的概念，意指要从小培养在身体、社会、情感、认知、道德各方面都整合发展的“完整儿童”，才能进一步发展成为全面和谐的“完整成人”。这种“从Whole Child到Whole Person”的全人发展教育，才是良好开端并贯穿终身的人生大局优势定格，而在教育内容上，又具体细化为生命成长、爱心培育、自然认知、社会生活等四大支柱课程及一些丰满充实课程，从幼教开始，向小学、中学、大学及成人各个阶段螺旋上升地逐步深化递进扩展，形成全人成长的整个终身教育序列。以后想写《幸福之路——全人教育公民读本》专著来论述这个问题。

其次是全脑开发问题。

如果说生命是一棵大树的话，那么，全人发展便是从根部长出的树杆，但要让它长出茂盛的枝叶，必须要经历大脑的营养灌溉。脑科学研究表明，人的左右脑分别掌管着不同的思维发展空间，传统教育偏重以语言、数字、逻辑等理性认知为主体的左脑训练，而现代教育开始注重以音乐、视觉、想象、肢体等感知创造为主体的右脑刺激，而6岁以前正是大脑发育的关键期和右脑开发的黄金期，如果能在这一时期接受大量丰富多元的感性刺激与信息积累，就能大大促进孩子的思维与创造力发展，让孩子的多元智能各方面都能得到有效激发与提升发展。因此，在这个阶段，特别需要通过全面综合的学玩教育手段，来让孩子同时获得认知、体验、创造相结合的全脑开发训练。这也是“全能宝宝”的另一个含义展现，即全脑开发、全面智能的发展理念，各大智能专项特长培育，便成为从“全人”发展主杆上生长出来的各个分支成长，等到成年后结出的也是各个分支强项成果，比如有人会成为作家或科学家，有人成为公关营销或演讲高手，而有人会在文学、美术、音乐上各有建树，这些都与多元智能的全脑开发特长有关。

再次是全息影响问题。

人类发展生态学认为，人的发展是与一个庞大的生态体系相互作用的结果，儿童在这个体系的中心，它的外圈是与儿童有直接交互关系的教育微观系统，比如家长、班级、同伴、课程教学等等，而这些微观系统之间也是相互联系和相互作用的，这就构成了教育的中间系统，比如家校之间的联系，教师的生存状态与团队互动，父母的生活方式与家庭关系等等，而在此之外还有一个社会外部大系统，如社会环境、社会公众导向与风气等等，它们尽管不与儿童直接作用，但又通过种种渠道间接影响到儿童的发展。所以，教育，尽管从狭义的层面来看，好像教鞭只是挥舞在学校老师的手里，但真正影响到孩子发展方向和速度的，却是学校、家庭、社会整个全息环境协同用力的结果。也因此，我们把教师、孩子、家庭、社会比喻为促进孩子健康发展的四驾马车，只有方向一致、并驾齐驱，从各方面激发孩子的生命潜能，培养孩子的完善个性，才能有效促进孩子的健康、和谐、高效发展。

根据这样的理想思考，婴幼儿阶段就特别要注重全息性的教育影响作用，即不仅要注重学校教育，更要注重家庭引导，不仅要注重家园合作，还要注重社会影响，不仅要注重课程教学本身这些显性因素，更要注重环境文化管理制度等这些潜隐因素。为此，我们设计了以亲子早教课程为预备、以家园同步课程为核心、以多元智能课程为特色、以父母大学课程为保障的整个全能宝宝课程教学体系，并辅以全能宝宝教育文化产业生态体系，来建立一个科学、人文、艺术结合的全息生态环境，为这一阶段的全人成长奠基保驾护航，为未来幸福人生领标导航。

◎幸福使者的传言：幸福早教三字秘诀：平、随、全。平心平常、随时随地、全面全息。◎

生命早期阶段的全息影响力，可总结概括为三个字，一是“平”，平等、平心、平时，即以平等之心去尊重孩子，以平常之心去期待孩子，以平日生活去引导孩子。二是“随”，随时、随地、随性，即注重随时随地地随机教育，还要随着孩子的天性因势利导，不可刻意强行灌输。三是“全”，即全面、全景、全程，即要对孩子进行全方位生活常识的引导，在全面的生活场景中展开，还要考虑到对孩子人生全程的指导促进作用。若能做到这三个字，应该可以让整个日常教养行为都散发出“随风潜入夜、润物细无声”似的轻松愉悦又潜移默化的智慧魅力。

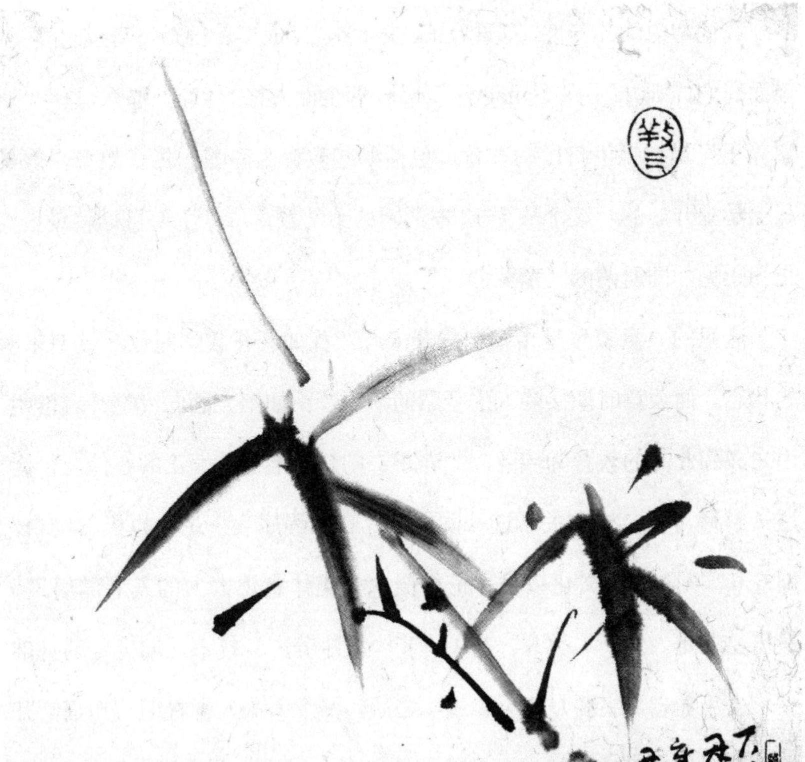

童蒙养正 少年养志

我们常说幼儿养性、童蒙养正、少年养志、成年养德乃终身成长要义。前面我们详细介绍了“幼儿养性”部分，即全面人格的奠定，那么，这个“童蒙养正”是指哪个阶段的教育，包括哪些教育内容呢？古代教育一般是从上学堂开始的，这个从 7~12 岁期间的小学教育，其主要目标就是培养正知正见，即所谓的“童蒙养正”。

这里的“童蒙”是指知识将开未开，犹如天将放曙时候，欲明未明的状态。而蒙童时期接受人生智慧的学习，正如阳光洒向夜空开启黎明，因之又称此时的教育为启蒙。“养正”则是指培植其端正的心性及行为。这一解释与蒙台梭利关于这一阶段的“自然程序表”论述也极其吻合，即 6–12 岁阶段是文化播种、道德概念、集体意识大大的发展的时期，最需要的是“养正”教育，为下一步“少年养志”打下正向良好的基础。

少年养志，主要是指十二三岁之后，一个人进入青春期，知识渐开，理性发展，正是意气风发、独立进取之时，这时就要重在鼓励他们追求崇高理想的勇气，培养宏观远大的志向。孔子言“吾十有五而志于学”，梁启超提出“少年强而中国强”之《少年中国说》，都从不同角度表达了在这一年龄阶段立志向学、奋发图强的理想抱负对于自我人生幸福及抱效国家强盛的重要作用。

接下来，我们从这两个阶段来分析一下童蒙养正与少年养志的生命成长历程与幸福人生奥秘问题。

一、学童期：生命内在的充盈

如果说，人的生命如同一个艺术作品从创意、萌发到不断充实完善、精细美化的自我加工过程，那么6、7岁以前的初始阶段是决定这个作品雏形的奠基阶段，而6、7岁到12岁则是对这个艺术品进行丰富、充实、调整、修正的过程。因为这个阶段正是接受正规学校教育的时期，我们不妨称之为学童期。

我曾经用水的状态来比喻孩子各个阶段的发展特点，3岁以前就好像是水的气体状态，自由自在，只能按照他自己的天性大纲去学习，适合用环境去影响。3岁至6、7岁阶段，则如同水的液体状态，处于半塑型期，可以按他自己的大纲与成人的大纲共同学习，因此，这个阶段特别适宜习惯养成教育。而到了6、7岁以后，孩子就像是水的固体状态，规则意识开始萌发，终于可以按照既定的大纲来开展系统的文化知识学习了。也因此，到了6、7岁才算进入学龄期。

◎幸福使者的传言：学童时期孩子的心智就像一块肥沃的田地，准备接受大量的文化传播，也开始关心善恶区别、渴望融入组织群体，是培育正知正见、养成正心正德的关键时机。◎

或许正如这种水的固体状态特征，这个时期的生命生长就进入了一个相对平稳、安定的阶段，不像婴幼儿时期那样日新月异地快速变化，但由于抽象逻辑思维开始发展，学习能力与求知欲大大增强，孩子的心智就像一块肥沃的田地，准备接受大量的文化传播，开始关心善恶的区别，产生想要自己去推理的欲望，并渴望融入一个组织群体，被群体所接纳，这些内在的精神营养需求成为这一阶段的发展主线，大大充实着生命的内涵。在这一阶段，需要特别关注以下几方面的问题。

1. 阅读与求知

如果说婴幼儿时期主要是通过实践活动来感知体验“生活”课堂以养性的话，那么，这个阶段就是要通过大量阅读书本知识来充实孩子的文化认知以满足其蓬勃发展的求知欲，形成对这个世界的“正知正见”，为未来生活指明社会文化方向。因而，这个阶段的整体性素质教育及广泛的课外阅读极其重要，应该远远超过读写算这些基本知识技能训练，其意义不在学习结果本身，而是要让孩子真正从阅读求知中过程中长出精神内核的正见力量，为一生的自主学习打下坚实的内在基础。

2. 道德与是非

除了正知正见，这个阶段也是正心、正德养成的关键期。由于抽象思维能力开始得到发展，这个阶段的孩子已不再依赖于成人的评价来判断是非对错，而是开始有了自己的道德意识与评判能力，也即是从道德他律及自我中心评价阶段转向道德自律及公正意识发展阶段，他们已能以公平不公平或平等不平等作为是非标准，这表明已具有真正的道德感与是非能力。在这个生命历程中，成人最需要做到的是改变传统地位，与儿童平等相处，鼓励并引导儿童独立思考积极判断，帮助孩子顺利实现从道德他律到道德自律的过渡发展。

3. 同伴与群体

这个阶段的孩子还有一个重要的特征，即群体感特别强，有“帮团时期”之称。他们往往喜欢自发组织成小群体，一起上学回家，一起做功课玩游戏，这种组织现象又叫“非正式群体”，我曾经采访过一位四年级男生，就听他详细介绍过他们班男生“野鸭国”与女生“野兔国”的状态，让我感受到这些非正式群体对孩子的影响力之大。如果说，在婴幼儿阶段，影响孩子的重要他人是父母或家庭带养人的话，那么，到了这个阶段，最重要的影响力便开始转向同伴与老师，因而，这个阶段特别需要关注孩子与同伴的交往以“正行”，引导孩子形成健康积极的集体意识与良好社会行为。

总之，这个阶段的生命历程，就如同一座人格大厦的建筑中期，外面被脚手架包裹着，似乎看不到外在的变化，但脚手架里面却在不断地添砖加瓦、砌梁垒墙，是否墙直梁正，是否砖固瓦实，是否功能齐全，是否壮观伟岸，就取决于这个阶段的文化、道德、社会各方面的内在播种充实了。

二、青春期：生命成长的蜕变

少年养志，指的是 12~18 岁的青春期理想教育。就像蝴蝶将要告别幼虫的形态而变出美丽的翅膀飞舞一样，经过长时间的平稳积累和内在充盈，生命终于到了将要展翅飞扬的美丽蜕变期了。这一阶段的孩子认知能力已经形成，独立人格的自我意识和青春期的身体与心理骚扰，时时检验他们抵抗诱惑的能力。而由于身体的发育变化，人的感受性开始向内在的自我发展，这一时期变得非常敏感，对自己的缺点特别在乎，很容易产生猜疑、彷徨、激动、失望等情绪。他们想由他人与自己的关系中来确认自己的存在，如果不能确立自己的地位，就容易产生挫折感、无力感、自暴自弃、玩世不恭等犯罪倾向。所以这一时期会常常处在“无志者常立志”的矛盾期，因而关注这个时期的理想、道德、志向的追求就尤为重要，是蜕变成美丽的蝴蝶去为社会添彩，还是萎靡颓废地走向未来，或者是怀着飞蛾扑火的偏激冲动去给社会带来危险隐患，在很大程度上取决于对这个阶段的理想、观念、心理、意识的正向引导。因此，关注这一阶段的身心发展特点并进行因势利导便尤为重要。

总体而言，这个阶段具有以下几方面的矛盾：

第一是独立性与依赖性的矛盾。这是一个从童年时代向成年时代迅猛骤变的过渡时期，少年的独立性急剧增强，想要尽快摆脱成人的照顾或干预，不愿意听从父母的意见，并有强烈的表现自己意愿的愿望，对一些传统的、权威的结论容易提出过激的批评之词，表现出很强的叛逆性。但由于生活经验与社会阅历不足，经常碰壁，又不得不从父母那儿寻找方法，再加上经济上不能独立，父母的权威作用又迫使他们得去依赖父母，因而呈现独立性与依赖性并存的矛盾。[1]

第二是成人感与幼稚性的矛盾。这一时期在心理上的突出表现是出现成人感，认为自己已经成熟，长成大人了，因而在一些行为活动、思维认知、社会交往等方面，表现出“成人”趋向，在心理上渴望别人把他看作大人，去尊重他、理解他，但由于年龄、经验、阅历、认知的局限性，在思想与行为上往往盲目性较大，易做傻事，带有明显的小孩子气与幼稚性。

第三是开放性与封闭性的矛盾。青春期少年特别想要与同龄人尤其是异性交往，想要与父母、成人平等相处，渴望彼此之间能够敞开心灵来理解相待，但由于各人性格、想法不一，使得这种渴求总是找不到施放的对象，因而只好诉说在“日记”里，但又因自尊心作用，又不愿让他人知道这些写下的心里话，因而就形成既渴望得到别人理解又害怕被他人了解而容易封闭的矛盾心理。

第四是渴求感与压抑性的矛盾。这一时期由于性的发育与成熟，出现了与异性交往的渴求，比如喜欢接近异性，想了解性知识，喜欢在异性面前表现自己，甚至出现朦胧的爱情念头等。但由于学校、家长和社会舆论的约束与限制，使青春期的少年在情感和性的认识上存在着既渴求向往又不好意思表现的压抑的矛盾状态。

第五是自制性与冲动性的矛盾。青春期少年在心理上出现独立性、

① 摘编网络文章《青春期的心理特点是什么》，作者曾强。

成人感的同时，自觉性和自制性也得到了加强，在与他人的交往中，他们主观上希望自己能随时自觉地遵守规则，力尽义务，但客观上又往往难以较好地控制自己的情感情绪，有时会鲁莽行事，使自己陷入既想自制又易冲动的矛盾之中。

◎幸福使者的传言：步入青春期，就像蝴蝶将要告别幼虫的形态而变出美丽的翅膀飞舞一样，经过长时间的平稳积累和内在充盈，生命终于到了将要展翅飞扬的美丽蜕变期了。这一时期最重要的激发孩子的精神活力，让他能够抬头挺胸地告诉自己：我就是我！我有信心去面对社会走向未来，我有志气去追求更有意义的远大理想！◎

总之，这个阶段是一个令人积极期待又充满危险风暴的矛盾时期，青少年犯罪大都集中在14~17岁，便是这种矛盾心理的隐患表现。因此，在这一阶段特别要帮助孩子做好心理的蜕变过渡，一方面用优秀的社会榜样去引导他们，激发远大的目标与志向，另一方面要特别注意发展孩子的自信心和自制力，着重培养孩子的精神活力，让孩子能够抬头挺胸地告诉自己：我就是我！我有信心去面对社会走向未来，我有志气去追求更有意义的远大理想！

成家立业 厚德载物

就幸福人生而言，前面的20年还只是序曲，尽管具有定调奠基的重要作用，但总体而言，从18岁的成年礼到50~60岁的成熟期这长长的几十年历程，才是幸福生命从开花到结果的成长主体阶段，也是真正渐深渐浓地品尝到酸甜苦辣人间百味的生命修炼历程。在这一历程中，从求学、工作，恋爱、结婚，成家、育儿，生存、立业，现实、理想，就像一块幕布拉开，舞台上的戏剧冲突一幕幕地连番上演，所有的生命关系都次第展开，所有的生命能量都跌宕呈现，而所有的生命意义也都在这千回百折的历程中若隐若现、忽暗忽明地闪烁，照耀着时而坚定清晰、时而迷茫彷徨的生命之路，直到真正地“知天命”或者彻底地“耳顺”。

那么，在这一长长的成年期，到底是什么在支持着生命历程的内在力量呢？或者说，是什么在成就着生命、影响着幸福呢？在此，我们不妨用“成家立业”“厚德载物”两个成语来表达，前者指代世俗外相，后者指代精神内质。

前面说，人的一生是幼儿养性、童蒙养正、少年养志、成年养德的历程，从中可见“德”字对于成年期的重要性，几乎可称之为漫漫人生黑夜中的明灯。当前重新涌起《道德经》热，佛学也渐受追捧，或许都与人的生命需要重新寻觅德性之光去照耀物欲世界的迷茫有关。中国古人曰：“天行健，君子以自强不息。地势坤，君子以厚德载物。”这两句话，可谓是阴阳能量相得益彰。前一句相当于阳性竞争能量，意指要不断追求进取，才能具有接天之力的超凡才能。而后者相当于阴性能量，意指只有内在深厚的道德品行才能承载外在丰富的特质福报，就像大地之母亲容纳百川一样。否则便容易“德不配位”，根基不稳反成祸害。

◎幸福使者的传言：幼儿养性、童蒙养正、少年养志、成年养德。性不养，难以识正见，正不养，难以成志气，志不养，难以立德行，德不养，难以载大物。◎

那么，如何处理好“成家立业”与“厚德载物”内外融合、表里如一的生命关系，从而尽可能奏响这一主体阶段的幸福生命旋律呢？下面，我们再分青年期、中年期、壮年期（更年期）三个阶段来分别加以探讨论述。

一、人生绽放的青年期

其实，在发展心理学领域，从18岁到35、36岁这一阶段，更多被称为“成年初期”或“青年晚期”，是指由青春期开始的青年期过渡到成年期的最后阶段。但从整个生命历程的幸福感悟体验而言，似乎应该是这个时期才刚刚开启。上怎样的大学、学怎样的专业，不仅有可能影响后面职业的选择，也意味着特定人际关系圈的建立与展开。我曾经感慨戏说，俞敏洪虽然并非北大的高材，但若不是学这个英语专业、没有北大的这帮同学合伙相助，说不定难有新东方的成功。而接下来从事怎样的工作、选择怎样的环境，就更是对人一生影响深远。当然还有更重要的，便是寻找怎样的伴侣、缔结怎样的婚姻，这会影响一生的幸福内核主线，怪不得有人说，女人选择怎样的男人便走向怎样的人生，而男人选择怎样的女人便拥有怎样的生活，确实很有道理。当然还有生儿育女的影响，有许多人的事业方向或人生意义，似乎都与孩子有关，远的如瑞士心理学家皮亚杰，就是通过对自己三个孩子的行为观察而做出了一系列儿童认知研究成就。近的如中国哲学家周国平，他在《妞妞：一个父亲的札记》一书中充分表达了对这个孩子的生命历程感悟给自己哲学思想的影响。当然，现实生活中还有很多因孩子的出生或成长而改变职业选择与事业方向的案例。

我常说，人生如幸福之链，每个阶段的转折点，便是决定能够串成是光鲜还是黯淡、是参差还是平整的何等项链的一颗颗珠子，当然，人格心性也即德行便是那根串起有形之珠的无形之线。除却出生这颗打头的大珠子以外，几乎所有的人生转折，比如求学、工作、婚姻、育儿等，都需要在这个十多年的成年初期奠定完成。也无怪乎，德国的斯普兰格将这个阶段的人生意义形容为“第二次诞生”（E · Spranger,1924），是指这个人格形成基本确定、自我意识蓬勃发展、社会生活迅速扩展，开始真正走向成人社会的重要时期，就像第二次诞生一样。而美国奥苏贝尔（D · P · Ausubel）则强调青年期是心理、生物学因素与心理、社会学因素的综合作用时期，其结果导致青年人格的再构成。

◎◎幸福使者的传言：人生如幸福之链，每个阶段的转折点，便是决定能够串成是光鲜还是黯淡、是参差还是平整的何等项链的一颗颗珠子，而人格心性也即德行便是那根串起有形之珠的无形之线。◎

根据这样的特点，我们再来探讨一下这一时期关乎幸福的一些重要发展课题。依据身心发育的成熟、社会文化的要求期待以及个人的价值抱负等几方面的依据，以下十大发展课题被认为是这个青年期所至关重要的[①]：

1. 对身体的发育，特别是对因性成熟引起的诸多变化的理解和适应。

2. 从精神和经济上脱离父母并走向独立。

3. 逐渐完善作为男性或女性的性别角色。

4. 对新的人际关系，特别是异性关系的适应。

5. 正确认识自己在社会中的角色，通过各种社会活动完善自己。

6. 树立作为社会一员所必须具备的人生观与价值观。

7. 掌握作为社会一员所必须具备的知识和技能并付诸于社会实践。

8. 选择职业及工作适应。

9. 恋爱、结婚及婚姻适应。

10. 成就感的获得与自我实现。

以上这些发展课题的完成，都依赖于一条内在主线的成熟：即自我

① 摘自《发展心理学》，林崇德主编，人民教育出版社 1995 年版。

意识的发展与自我统一性的确立，它决定着个体自我发展的水平与方向，影响着主体人生观与价值观的形成和稳固，关乎一生幸福的人生态度、生活方式、生存价值等等一系列重要问题都在这一阶段次第展开。而当今时代价值多元、矛盾多样的社会形态，则使青年失去了可供同一化的对象，在价值观形成过程中容易陷入自我同一性混乱或扩散状态，而难以确立明确的价值观。

因此，这个人生阶段的“养德”历程，需要内外兼修，即内在自我要为人格独立及价值观确立做出积极进取的努力，外在社会则要提供科学理性的文化环境与榜样力量来给予青年一代以正向引导与积极强化，并将这些德行与理性的营养通过青年人所面临的求学、就业、恋爱、婚姻等各种生活问题媒介播撒到其生命体中，既在帮助他们解决现实困惑的过程中形成稳固、统一的自我意识，又在实现人格独立、价值观确立的过程中更加积极从容地对待人生诸多现实问题的展开，为更加复杂丰沛的中年期来临做好迎接挑战的心理准备。

二、多事之秋的中年期

从 35、36 岁基本奠定人生观、价值观，走向人格成熟，也大致完成求学就业、成家育儿等人生课题之后，便意味着走入真正的中年期。从广义而言，从现在到步入老年的长长二三十年时间，都被称之为中年期。但从生命体验的角度，似乎从四十不惑到五十知天命再到进入六十花甲之际，还是有着很大的转折之别，因此，在此我们以 50 岁更年期为界限，将整个中年期分为两个阶段来探讨，先交流前面部分，在此特指狭义的中年期，指35、36至50多岁之间。

人们常用“多事之秋”来形容人到中年的生活，这是因为，几乎所有的人生课题，都在这个阶段一一浮现：事业的根基与理想，婚姻的真谛与困惑，育儿的辛苦与烦恼，长辈的苍老与病痛，社会的责任与担当，人生的意义与追求——就像千军万马齐过独木桥一样，千头万绪的问题，都会在这个阶段接踵而至地挤压到生命体中，让人不得不用上浑身解数来对付，同时，随着外在繁忙事务的展开，还伴随着内在的迷惑与虚空，青年时代的浪漫幻想会被现实的挫折困顿所打压抑制，但对于事业理想的追求与社会责任的担当又会令人进一步扩大视野与动力，就像一辆开足了马力的汽车，走上了一条充满希望又满是崎岖的挑战路途。

◎ 幸福使者的传言：人到中年，青年时代的浪漫幻想会被现实的挫折困顿所打压抑制，但对于事业理想的追求与社会责任的担当又会令人进一步扩大视野与动力，就像一辆开足了马力的汽车，走上了一条充满希望又满是崎岖的挑战路途。◎

那么，在这一个阶段，到底要解决哪些生命成长与幸福发展问题呢？

首先，是生命方向的确定问题，也即是自己的人生到底往哪儿走的问题。

比如，要选择怎样的事业方向，确立怎样的理想目标，要成为一个怎样的人，要以什么资本来安身立命等关乎“我是谁”、“我该向何处去”的问题。

其实这个问题从年轻时代开始确立人生观与价值观起，就一直伴随困扰，但总体而言，当生活重担没有压在肩头的时候，那些困惑都还处于“少年不知愁滋味，为赋新词强说愁”的预备期，到了这个阶段，这个问题才会成为真正的考验。就像来到了一座高山脚下，是勇敢地向上攀登，还是安逸地呆在脚下，或者是犹犹豫豫地进退两难，基本上就取决于这个阶段的思考、选择与努力。

其次，是情感关系的深化体验，也即是如何对待自己的家庭关系诉求与困惑问题。

经过了前面青年期的恋爱及婚姻的初期适应，到了这个阶段，便进入家庭关系的深度磨合时期，尤其是两性关系会逐步出现倒错分离现象，即男性无论在性热情还是情感投入方面都会随年龄的增长和工作的繁忙而逐步减弱，而女性却在性体验与情感依恋程度上却被日渐唤醒增强，这就带来了难以调和的矛盾问题，如何解决这些问题成了贯穿整个中年期的情感主线，甚至深刻地影响着人生幸福感，尤其对有“情感动物”之称的女性而言，影响会更大。

另一种容易困扰中年生活的情感关系是亲子关系。到这个阶段，孩子大多已从婴幼儿阶段成长到青少年时期，学业的负担、自我的成长、社会的影响、未来的前程等等，都会不可避免地牵动着中年父母的心，尤其由于青春期的自我蜕变，容易想要与父母分离，而产生亲子关系的紧张。可以说，有相当一部分中国父母，都是在牵肠挂肚或提心吊胆的亲子依恋中度过中年生活的，尤其是对于那些已从两性关系中失却热情、婚姻关系趋向平淡的夫妇而言，就更容易将情感依恋投射到亲子关系上，当然，女性要占更多的比例。而越是对亲子关系有过度牵挂依恋控制，也就越容易造成亲子情感的紧张纠结，对下一代的独立成长不利。也因此，当前有许多婚姻家庭专家都呼吁倡导将夫妻关系摆在家庭核心首位，通过婚姻关系的归位来促进亲子关系的健康良性发展，这确实是有道理的。

◎◎ 幸福使者的传言：对一个完整家庭而言，婚姻关系永远优先于亲子关系。◎

最后，则是关于自我生存发展与社会责任担当的问题，即来到这个世上，到底该为这个社会做出什么价值贡献的问题。

修身、齐家、治国、平天下，为中国人的人格养成之路。人到中年这个阶段，这四个境界几乎是叠加次第展开的。一边在修身，一边要持家，一边又因外在视野的扩展与内在心智的成熟，而逐渐生长出对于国家大事的关注之情与天下大任的担当之心。这时，就会不可避免地陷入另一对矛盾之中，即到底是“各人自扫门前雪，不管他人瓦上霜”，抱持自足自乐的人生信条呢？还是去面对“天下兴亡、匹夫有责”的社会担当？是信奉“天下熙熙皆为利来、天下攘攘皆为利往”的利己物欲主义呢，还是去追求“人人皆可为尧舜”的利他精神殿堂？

这一对矛盾，几乎就像钟摆一样，一直在伴随着养家糊口还是胸怀大志的两个端点的摇摆不定中不断地走向平衡与整合。正是因为这个问题是如此深刻而强烈，它无时不在困扰着中年人的内心世界，因而这个阶段也是自我意识进入深度体验的生命历程，就好像内在自我的勘探机，步步深入地开采到了生命的地底层，所有人性的幽暗与深邃都会被挖掘出来，自然也会被带出最深的痛苦与思索。而这个阶段，如何调节这种被自我利益与社会价值所拉扯的痛苦，如何整合这种现实外在驱动与精神内在诉求之间的矛盾，便成了让多事之秋成为丰盛成长的生命主旋律。人生是小夜曲还是交响乐，便在这样的节奏与和弦之中，结出硕果、交出答卷。

◎幸福使者的传言：人到中年多事之秋，如何调节这种被自我利益与社会价值所拉扯的痛苦，如何整合这种现实外在驱动与精神内在诉求之间的矛盾，便成了这一时期是否能够丰盛成长的生命主旋律。人生是小夜曲还是交响乐，便在这样的节奏与和弦之中，结出硕果、交出答卷。◎

以我自身的体悟，我曾经用两句诗来伴随自己度过这一多事之秋的发展历程。一句是“诸事流转若流水，此怀无日不春风”，这是二十多年前从小和尚抄的佛经中所得，却伴我度过从浪漫小资的青年进入挫折跌宕的中年的艰辛考验，使得我能以一种春风拂面的潇洒快意来承载日益丰满负重的生命担当。或许正是因为这个过渡阶段打下的内在力量之基，才会在进入不惑之年后，又有另一句诗意伴随：“坐看云卷云舒，闲听涛起涛落”。却原来，生命本来就是悲欢离合、阴晴圆缺的自然历程，那就不妨以观赏风景的姿态，来从容应对一切的际遇吧，也正好应合了生命数字学中的那句话：生命中每一件事情的发生，都有其背后的美意。

◎◎ 幸福使者的传言：生命本来就是悲欢离合、阴晴圆缺的自然历程，那就不妨以观赏风景的姿态，来从容应对一切的际遇吧，也正好应合那句话：生命中每一件事情的发生，都有其背后的美意。◎

或许，多事之秋的中年岁月，还真是需要有这样的坦荡情怀来滋养内在的厚德，来肆意承载生命过往与大千世界的万物流沙。

三、天命昭然的更年期

很遗憾，对于更年期，我正走在靠近它的边缘地带，还未能有亲身经历与体悟，因此，从生命认知与体验的角度，要写这一段，只好是纸上谈兵了。但作为完整的生命历程，又不可略过，所以，只能利用有限的资讯参考与生活观察，来班门弄斧一番，为未过来者聊作参照，供过来者批评探讨。

“更年期”这个名称在人们约定俗成的理解里，几乎就是两性生理变化的狭义代名词，在女性，意味着由绝经所带来的一系列性腺功能衰退变化症状，在男性，虽然没有女性月经的明显变化标志，但也意味着性功能由盛到衰而引起的精神情绪的变化，如烦躁不安、疲劳无力、失去信心、自我孤独等等。

难道更年期的问题，都是第二性征逐步退化所惹的祸吗？从生理上，似乎难咎其责。因为性能量是所有生命活力之源，就像一个生命之炉想要持久旺盛，必须依靠炉底下的柴火来燃烧，这个柴火，即生命中的性能量。也无怪乎，弗洛伊德的泛性论将性欲视为个体心理能量的源泉，认为一个人的人格与精神生活都是“力比多”作用的结果。而霭理士的《性心理学》也以张弛、收放原则来表达性能量的作用：“自由表达为放，克己自制是收，文明社会固非此不可，动物生活也靠它维系”。这个第二性征消退，生命活力自然受到阻碍，因而出现更年期心理情绪问题便也在所难免。

◎◎ 幸福使者的传言：性能量是所有生命活力之源，就像一个生命之炉想要持久旺盛，必须依靠炉底下的柴火来燃烧，这非指狭义的性，而是一种鲜活的本能动力，求生欲、运动力、创造性、表现力等等，都是性能量的不同表达。◎

但以我有限的观察认知，又认为更年期不仅仅只是关乎生理变化的医学界定，而应该还同时带有更宽泛、更深刻的自然与社会诸方面的生命意义。

就自然规律而言，如同一株植物经历生根、发芽、长叶、开花、结果的过程，到了这个阶段，即将迎来生命的秋天，一方面将是果实丰收，另一方面却也面临叶黄枯落的凋零季节。看着一根根的皱纹爬上额头，一绺绺的青丝变为白发，感受着花样年华一点点消逝，风华正茂一步步远离，哪怕没有这个第二性征的退化，也不由得使人生出岁月无情、人生苦短的失意落寞感来。

当然，作为社会的人对于岁月凋零的感怀还不仅仅在于自然的衰老退化，比这更令人焦心的还有对于自我实现与社会建树的急迫。似乎前几年还在为远大理想而热情澎湃，转眼间就到了知天命的年龄了，这便意味着，自己的生命能量到底有几斤几两，人生的理想目标可以爬到怎样的高度，一般到了这个阶段，便也能大致自我觉知有所定论了。

“五十知天命”，不仅仅意味着已知理想实现之艰难、自我完善之局限，而不再盲目追求不切实际的结果，还意味着开始更坦然地接受一切的现实存在，比如对于职业问题、婚姻问题、子女问题等等，大致都已显出其应有的面貌，虽然还在为不断地改善而仍然做出孜孜不倦、发愤图强的努力，但已经能更安然淡定地对待困难失落，不再过度执著苛求，从而慢慢生长出平静的心绪，逐步走向六十“耳顺”的老年化生命历程。

◎◎ **幸福使者的传言：“五十知天命”，不仅仅意味着已知理想实现之艰难、自我完善之局限，而不再盲目追求不切实际的结果，还意味着开始更坦然地接受一切的现实存在，慢慢生出长平静的心绪。◎**

从三十而立，到四十不惑，从五十知天命，再到六十耳顺。这长长三十几年的成年主体阶段，便几乎承载了人生幸福的整个开花结果历程，而能开出怎样的花，又结出怎样的果，则取决于前面整个青少年儿童历程中所逐步种下的心性之因、正向之见与志气之缘，也影响着后面老年历程叶落归根之生命圆满走向。

老当益壮 叶落归根

正准备写这一章的时候，刚好在微群里看到一篇关于中国某省农村老人自杀现象在当地被视为正常合理的报道，读来令人触目惊心，也让这一章节的内容思考多了彻痛的沉重感。老年，到底意味着什么？是生命的价值丧失？是生存的绝望处境？是生活的无奈泥潭？我没有经历过老年，但耳闻目睹当前社会的种种老年现象，只是希望能以有限的观察思考来提出更令人欣慰的幸福愿望。

一、老当益壮，让生命晚年灿烂绽放

很显然，人一进入 60 岁之后，随着年龄的递增，便会不由自主地感受到岁月不饶人。第一是外在的容貌衰老与身体各个系统的功能退化，容易出现健康问题。第二是感知觉、记忆与思维都发生明显的下降减退现象，智力也有所衰退。第三，更重要的是在心理上容易产生如冷落感、孤独感、疑虑感、忧郁感、不满感、老朽感等消极的情绪与情感，情感体验深刻而持久。另外，许多老年人个性也会发生变化，容易变得自我中心、内向、保守、胡乱猜疑、容易急躁、爱发牢骚、固执刻板等①。

这样的老年历程，对个人及对社会确实都是极大的生命考验。但整个世界，都在进入人口老龄化的迅速发展期，急需建立一种新的生命发展观来帮助更多的人安享晚年，实现完满的生命历程。

---

①《发展心理学》，林崇德主编，人民教育出版社 1995 年版。

中国有一句成语，叫“老当益壮”，出自唐朝王勃的《滕王阁序》：老当益壮，宁移白首之心；穷且益坚，不坠青云之志。意指越年老，志气越要豪壮，越穷困，志向越要坚定。这一句话，确实可以成为老年生活的第一个幸福观念。

据调查，在影响健康长寿者的诸多因素中，心理因素占据着重要位置，其中，热爱生活、心情愉悦、性格开朗、爱好丰富等心理品质对于健康养生、延年益寿起着极其重要的作用。究其原因，很关键的一点就是要认老而“不服老”，不气馁、不放弃对于生命的尊爱之心与对于生活的价值追求。以中年心理参照为例，尤其是女性，青春容貌的退化很容易让人对自身失去信心、对生活失去动力，但只要坦然接受自然规律，从心理上忘却年龄与外相的困扰，便可以一直保持生命的活力与信心，而依然能够从生命内在焕发出青春般的激情与风采。

老年时代更需要建立这样“老当益壮”的积极生命观，尽管从身体健康与生理机能上无法阻止自然的衰老退化，但越是外在的缺失，越需要用内在的志气去平衡弥补，这个道理就像残疾人自强自理一样。为什么要这么做呢？很简单，为了更幸福地生活。因为外在的身体条件我们无法改变，但生命依然在发展，生活依然在持续，所以想尽办法让自己的生命更充分、更灿烂，让生活的质量更幸福、更美好。我们必须为此做出努力。

◎◎ **幸福使者的传言：我们无法阻止身体的自然衰老与退化，但依然可以用内在的志气去保持心灵的活力，让生命之花绽放到老。**◎

现代生活中其实有许多这样老当益壮的例子，前一阵子微信上就在疯传一个八十几岁老人参加舞蹈大赛的视频，看了确实很鼓舞人心。还有不少六七十岁老人重开爱情之花的案例，中国著名科学家杨振宁先生与年轻女性翁帆的不凡婚恋，便堪称是对于老年生命的“上天之礼”。这倒让我想起日本作家渡边淳一的《男人这东西》中关于“越老越要轻狂”的反常识之论，认为老年并不意味着要接受生命枯萎的自然审判，而是要更加积极向上、自由自在地享受生活，哪怕成为违反传统固有观念的“不良老人”。而实际上，若这些兴趣爱好与婚恋交往能够为老年生活带来更好的生命质量与晚年幸福，那么，为何不去支持选择这种让自己生命盛开也让这个社会生机盎然的“轻狂”呢？

当然，在步入老年时代还大有作为的成功案例就更多了。中国社会最有代表性的老年生命楷模当属褚时健，当年他从“中国烟草大王”的事业顶峰时不慎跌落入狱，却能在74岁高龄保外就医后，还能东山再起，通过开荒种橙再创事业高峰，“褚橙”也成了生命百折不挠、人生老当益壮的意志精神象征。

◎ **幸福使者的传言：人生的成功与幸福，不在于曾经有过怎样的辉煌，更不在于曾经有过怎样的落寞，而恰在于无论跌倒过多少次，都依然能够淡然地站起来，笑对人生，鲜活到老。**◎

那么，决定老年生命是枯萎还是灿烂的最内在原因是什么？美国家庭治疗大师萨提亚在《新家庭如何塑造人》[①]一书中专门用“晚年”一章论述了其中核心所在。萨提亚写这本书时，自己也已经年过七旬，但她认为成功的晚年生活开始于一个转变的过程，与过去的事情说再见，向未来发生的事情问好。当我们为这些终结做好准备时，这些终结所释放出的能量就可以有新的用途。这种用途是，你会因此而对未来生活建立新的价值期待，也会去准备新的相关技能。而其中最重要的，是要拥有生命的高自尊，即我们可以在任何年龄学习如何爱自己的新的知识，建立新的令人满意的关系，找到能够释放自己老年生命能量的新的工作和活动，可以开启更为丰富多彩的晚年人生。因此，她认为，老年只是我们头脑中的一个概念，人的低自我价值感、匮乏的生活条件、孤独隔离消极的人际关系，才是导致躯体和精神疾病的易感因素，而高自尊、丰富的精神与躯体刺激、健康而有吸引力的生活，健康而良好的人际关系、亲密的人际接触以及清晰的目标，则是老年疾病的解毒剂，也是照亮晚年生活新图景的幸福火把。

---

①《新家庭如何塑造人》，维吉尼亚·萨提亚著，易春丽、叶冬梅等译，世界图书出版公司2006年版

◎◎ **幸福使者的传言：生命的高自尊感，不仅是老年疾病的解毒剂，更是照亮晚年生活新图景的幸福火把。◎**

对此，不仅需要每一位老年人自身要学习如何建立尊爱自己的积极生命态度，社会各部门机构也要有积极的人文关怀意识去帮助老年人创建这样的高自尊生活环境，这并不意味着只是给老人们提供基本的衣食住行日常健康营养保障，更重要的是通过各种活动来鼓励老年人建立这种享受生活、创造幸福的积极态度，正如萨提亚书中所言，“让我印象深刻的是，那些老年人一旦被鼓舞，决定过自己的生活而不是等死，那么他们会如此迅速地变得生机勃勃、有创造性并且非常健康。”我非常坚信她所描绘的美好图景，也热切希望能够经由大家的共同努力而将这样的美好图景撒播到全世界老年社会的各个角落。

二、叶落归根，让生命终结安详圆融

如果说，老当益壮是指以积极充沛的精神活力来对待人生老年历程中的每一天生命体验与生活创造的话，那么，这样的每一天终究要迎来一场终结的盛宴，那便是生命的终点：死亡。

什么是死亡？它与生命的关系是什么？死亡的意义何在？为了让小朋友们也能理解这个深刻的课题，有不少作家写了优美的童话故事，其中有一本《一片叶子落下来》[①] 的绘本就用一片叫做弗雷迪的叶子和它

① 《一片叶子落下来》，（美）巴斯卡利亚著，任溶溶译，南海出版社 2009 年版。

的伙伴们经历四季的变化来讲述生与死之间的微妙平衡故事，以让人懂得生命的意义在于经历美好的事物和给别人带来快乐，明白死亡并不代表一切毁灭而是另一种形式的新生。

是的，死亡其实就是一片叶子落下来。落到哪里去？回到它来的地方。因此，死亡就是生命之树的叶落归根，是结束这一场生命历程，走向回家的路。

◎ 幸福使者的传言：人生到死，有多远？呼吸之间。从迷到悟，有多远？一念之间。人生，是多么无常的醒来，人生，是无常的醒来。◎

从生到死，这其中的距离有多远？记得一位中年学者去给大学生讲座，问五十多岁的自己与二十来岁的学生，谁离死亡更近？答案却是距离等同，并无差异。为什么？是因为生命的无常，使得死亡并非老年阶段的专利，而是每个生命的随时相伴。也即是，当我们的生命降临到这个世界时，便也随身带来了一样时刻伴随的礼物：死神。德国沃尔夫·埃布鲁赫所著的绘本故事《当鸭子遇见死神》就生动有趣地诠释了死神的意义：当鸭子发现了死神偷偷地跟随自己，就问："你是来带我走的吗？"死神说："当然不是。其实从你一出生，我就一直在你身边。"原来，死神只是伴随生命之神的工作，为了以防万一时可以送生命安然地上路。于是，鸭子决定与死神友好相处，因为它忽然觉得：如果你能暂时忘记他是谁的话，真会觉得他很友好、很亲切。就这样，鸭子带着死神一起去池塘玩，一起爬树，一起畅想交流鸭子死后会到哪儿，没有了鸭子的池塘和房子又会变成变成怎样的孤单寂寞。而鸭子每天醒来，都发现自己还活着，可以去做各种有趣的事，开心极了。直到终于有一天，鸭子安详地停止了呼吸，死神为鸭子抚平了被风吹乱的羽毛，将郁金香放在它身上，轻轻地送它上路。

在此细述这篇童话故事的情节梗概，是因为它直观生动地揭示了生命与死亡的关系，就像一场随时相伴的双人舞，在爱的人生舞台华丽上演。既然，生和死如同硬币的两面一体，那么，我们又何必去恐惧死亡的到来呢？相反，我们应该像对待亲密舞伴一样珍惜这个人生舞台，努力将每一天的生命都用生死相随的珍爱来跳出绽放的精彩。

◎幸福使者的传言：死亡并非老年阶段的专利，而是每个生命的随时伴随。生死之间，犹如一场如影随形的双人舞，在爱的人生舞台，华丽上演。◎

写到这里，我想到“向死而生”这个词。日本导演北野武在遭受过严重车祸之后，写了《向死而生》这本书，意指明白了生与死的关系，便能勇敢地面对死亡，积极地珍爱生活。德国哲学家海德格尔也用Being-towards-death表达了这种“走向死亡的存在”观点，认为人们并不是一步步走向还在远处尚未到场的死亡，而是在我们的“走向”本身中死亡已然在场，它只是“走向终结的存在”，因而他引用荷尔德林的诗句来倡导人人皆可“诗意地栖居”的生活理念以及对于安详和谐人类社会的向往图景。其实，若一个人真有“向死而生”的认知与勇气，是真可以拥有从容面对各种生活境遇、欣然享受每天生命体验的诗意心境的，而人人诗意栖居的和谐社会理想也可以经由每一个人的幸福生命体验与创造中逐步生发开来。

◎ **幸福使者的传言：若有向死而生的爱与勇气，便可拥有从容面对各种人生境遇、欣然享受每天生命体验的诗意心境。**◎

让我们再回到老年话题。既然死亡并非老年时代充满恐惧的无奈选择，而是生命无常的随时相伴，那么，到了老年，就更应以庆贺生命盛宴的态度来面对死亡，感恩死神如此慷慨，伴随我们活过一天又一天，赠予我们一年又一年的生命时光。既如此，当真的死亡即将来临时，我们又应以怎样的态度去应对呢？另有一本《再见了，艾玛奶奶》则用摄影手法表达了在一只猫咪思达的视角里，这位已生病的八十多岁的艾玛奶奶是如何在最后一年的时光里一一做好临终告别准备的，她说：“我想快乐地活到最后一刻”！她开始写家族史，依然如往常一样打扮好到老人俱乐部与朋友们相聚，并在医院里留下临终意见：我同意，当我病情恶化、失去意识的时候，不再采取紧急措施，无意义地延长生命。她说，“我已经活得够长了，那一刻来临时，我希望能安静地走。”在她看来，她所做的这一切以及身体的变化，都是为一次遥远的旅行做准备，因此，她没有一点恐惧，家人也懂得不要在她面前流露悲伤，这样，就可以让艾玛奶奶安心地踏上通往另一个世界的旅程。

◎◎ 幸福使者的传言：既然生死相随，到了老年阶段，我们更应以庆贺生命盛宴的态度来面对死亡，感恩死神如此慷慨，陪伴我们活过一天又一天，赠予我们一年又一年，让我们体验到如此悠扬的生命时光，品赏到如此丰盛的人生百味。◎

谈到这个故事，我便不由自主地想起一些有关临终关怀的文章，其中印象最深刻的有两篇，一篇是一位失去母亲的儿子在了解到病人濒临死亡时的一些生命感应现象，十分后悔未能让母亲安详地度过最后的时间，而是为抢救不能挽回的生命而任由母亲在医疗器械及药物无谓应用的痛苦折磨中离去，因而撰文告诫大家一定要在病人弥留之际随从其真实心愿，不要做违愿无效的治疗。另一篇是写一位著名的医生当自己也身患癌症后接受治疗，才亲身体会到原来自己给多少病人做过的那些手术是多么令人痛苦难耐，因而提出减轻病人痛苦要比达到治疗目 的具有更重要的生命意义，尤其是对于临终之际的病人而言，让他们平静、安详而尊严地离开这个世界，是对于生命最高的尊重与爱戴。

◎◎ **幸福使者的传言：对于临终之际的病人而言，让他们平静、安详而尊严地离开这个世界，是对于生命最高的尊重与爱戴。◎**

一片叶子落下来，它安静地、轻轻地往下掉，落到了冬天的草地上。枯叶和着雪水融化入土归根，等着春天来临时，再长出新的叶子。就让这一段隐喻的文字来为我们向死而生的生命历程祝福吧，不管老到怎样的年龄，无论身处怎样的际遇，都要用积极的心态、顽强的意志与充沛的活力来庆贺每一天的生命之礼，而当终结那一天终将到来，则更要用告别盛宴的关爱，来让每个生命带着尊严谢幕，为一生的旋律画上安详圆融的幸福休止符号。

本章小结

所有关乎生命幸福的一切意义、关系和能量，都要承载于生命历程的各个阶段来予以展开实现。这个从生到死的生命历程，就像一本只有封面和封底的书皮，每个人会写上怎样的故事，绘上怎样的色彩，就取决于“谋事在人、成事在天”的自我与社会的相互作用力。而我们所能做的，就是尽可能根据每一个阶段的生命发展规律，来读好、编好、用好这本书的每一个章节，以更加科学、人文、艺术的方式创造出属于每个人自己的精彩人生故事。

这一章的内容，我们幼儿养性、童蒙养正、少年养志、成年养德的历程而展开论述。

一、人生百年，始于幼学

人的生命成长犹如一棵大树，从出生到六七岁时的早期发展阶段，就像是大树扎根的历程，青少年时期则是生长树干的历程，而到大学阶段就开始长出枝叶繁花，走上社会以后则慢慢结出事业成就与生活幸福的累累硕果。幼年之根扎得越深，后期就越能枝繁叶茂并有望结出累累硕果，不仅个体幸福人生如此，哪怕是一个民族、一个国家乃至整个人类社会的幸福发展工程，都需要从人的生命早期阶段开始扎根奠基。中国幸福梦，需要从幼教开始。世界和平梦，也需要从幼学起步。

二、童蒙养正，少年养志

进入学童期以后，孩子的心智就像一块肥沃的田地，准备接受大量的文化传播，也开始关心善恶区别，渴望融入组织群体，是培育正知正见、启蒙正心正气、养成正德正行的关键时机。而到了青春期，生命就像蝴蝶将要告别幼虫的形态而变出美丽的翅膀飞舞一样，经过长时间的平稳积累和内在充盈，终于到了将要展翅飞扬的美丽蜕变期。打好养正养志的基础，便能够让这一时期的孩子充满精神活力，能够抬头挺胸地告诉自己：我就是我！我有信心去面对社会走向未来，我有志气去追求更有意义的远大理想！

三、成家立业，厚德载物

从三十而立，到四十不惑，从五十知天命，再到六十耳顺。这长长三十几年的成年主体阶段，便几乎承载了人生幸福的整个开花结果的茂盛历程，其中包括人生绽放的青年期、多事之秋的中年期以及天命昭然的更年期。而能开出怎样的花，又结出怎样的果，则取决于前面整个青少年儿童历程中所逐步种下的心性之因、正向之见与志气之缘，更取决于这一阶段需要核心修炼的德行之载，并影响着后面老年历程叶落归根之生命圆满走向。

四、老当益壮，叶落归根

人之将老，身心衰退，健康堪忧，这样的老年历程，对个人及对社会确实都是极大的生命考验。但“老当益壮，宁移白首之心；穷且益坚，不坠青云之志”，越是外在身体条件无法改变，就越需要以高自尊的价值感与行动力，来让晚年生命绽放出灿烂活力。要转变一种观念，即老年并非走向死亡，而是另一个生命历程的开始。死亡也并不是老年阶段的专利，而是每个生命的时刻伴随，是结束一场生命历程，走向回家的路，就像一片叶子落下来。因此，不管老到怎样的年龄，无论身处怎样的际遇，都要用向死而生的积极的心态、顽强的意志与充沛的活力来庆贺每一天的生命之礼，而当终结那一天终将到来，则更要用告别盛宴的关爱，来让每个生命带着尊严谢幕，为一生的旋律画上安详圆融的幸福休止符号。

第六章
Chapter6

生命幸福

在写这本书稿的历程中，开始越来越多地感知到当前社会有识之士们对于生命探究的关注与行动，也让我越来越有一种赶快成书去与人分享的迫切感。

最让我振奋共鸣的是与一位出版界领导朋友的交流，他因我推荐的《生活 生活》这本书而找到唐·库比特著的另一本《快乐之路》[①]，未待看完，便大为兴奋地与我交流读书心得，说他几十年的人生思考都经由这本书而豁然开朗了。书中提出，人生是由情感组成的，我们向外倾

① 《快乐之路》，唐·库比特著，王志成、朱彩虹译，浙江大学出版社 2006 年版。

泻的情感生命一直在寻求符号表达，当我们的情感生活最强烈地涌出并能够找到满意的表达时，我们是快乐的。这种快乐之路便蕴含在日常语言中，是如何为当下而活着、把日子过得最充实、好好对待每一天，是对生活的直接真实的爱而不是纯理性的形而上学宗教。他认为真宗教就是爱上日常生活，并完全与它和好。

我能够理解他这种兴奋共鸣，是因为人们常常不知如何去寻找人生的意义方向与幸福的参照对象，不知如何定义我们的快乐信念。而当有一个人告诉你，人生快乐就在于日常生活本身，而宗教不过是一套符号，其力量在于能够把人的焦虑、恐惧和过度自我关注等负面生物情感转变为喜悦的、清凉的宇宙情感，自然便会有“众里寻它千百度，蓦然回首，那人却在，灯火阑珊处”的恍然欢欣感，觉得终于不用煞费心机地去寻觅那处远方的光亮，而只要在自己的当下生活中找到立心之本，运用自己的符号去表达情感的快乐就可以了。这，便是幸福的本源所在，也是生命的本然意义。

◎幸福使者的传言：快乐与幸福，都不是高高挂在天际远方的月影，需要搭上天梯去攀援，而是每天升起照耀我们温暖生命的阳光。回到生命、回到生活、回到每一天、每一小时、每一分一秒的当下，快乐自然会悄然而生，而幸福，也会扎根生长。◎

这样的交流共鸣，让我想起一个故事。说一天晚上有一个人在路灯下翻来覆去地寻找他丢掉的钥匙。路人见状便问他是否确认钥匙是在这儿丢掉的，他说："不是！但是，这儿是唯有一有亮光可以寻找的地方。"我们就如同这位寻找钥匙者， 不知幸福丢失在哪儿，常常哪儿有亮光就去哪儿找。这个亮光，便是我们以为可以照亮幸福之路的信仰依托。而其实，所有的幸福奥秘都蕴含于我们的生命本体，存在于我们的日常生活，只要有一盏智慧明灯，便能够让我们进入最简单、最便捷、最直接的幸福法门。

接下来，让我们开启生命幸福之旅，去探寻能够直接照亮生活、温暖生命的幸福之匙。

不輸不聞不問

珍爱生命 回归真我

如果幸福是一个人通往外部世界的一道道感觉之门的话，那么，到哪儿去寻找幸福之门的第一把钥匙？显而易见，第一把钥匙必须由幸福的主人掌管：生命。若生命都不复存在，幸福又何以承载？但如此简单的道理，却常常被人忽略遗忘，为了一些莫须有的理由，变着法子摧残生命，人为造成难以挽回的惨痛代价。无论是世俗生活中一个个亲伦纷争、自相残杀的案例，还是行业社会中一件件玩忽职守、草菅人命的事件，在现实生活中都层出不穷，还有一些极端分子则将自己的愤懑痛苦投射到社会公众，以伤害无辜生命为发泄之道，这样的惨案在当前社会更有愈演愈烈现象，确实需要引起足够的警示与防范。

为什么会有如此多的人无视幸福主体，拿生命当儿戏呢？最大的原因是因为“找不着北”——生命失去了方向，不知道为什么而活，有人为钱所役，为了谋利可以无视生命健康，有人为名所累，为了虚名可以践踏生命尊严，更有人为了争个输赢高下，可以拿生命做赌注。这一切，都是因为生命失去了定心盘与指南针，将幸福托付给了生命外物。这个定心盘与指南针即是真我，是决定生命是否光亮、主体是否幸福的内在明灯，缺乏真我的指路，人生注定会陷入黑暗迷途。

幸福使者的传言：有人为钱所役，有人为名所累，都是因为生命失

去了定心盘与指南针，将幸福托付给了外物。生命缺乏真我的指路，人生注定会陷入黑暗迷途。◎

那么，到底什么是真我呢？这里举一个简单的例子予以参照：

十多年前，我想调查一下什么是幸福，就先从自己刚上小学的儿子身上小试牛刀。我问：幸福是什么？儿子不假思索地回答：幸福就是睡大床。我心里一震，紧接着追问：那以后让你睡大床，爸爸妈妈睡小床好不好？他马上摇头否定：那有什么意思呢？我要和你们一起睡大床！从这个回答，便可知人们常常是被幸福诉求的假象所蒙蔽的，以为幸福就是要这要那，而其实，那个真实的自我却常常是透过现象而直达本质，来不得半点伪装。从儿子的这个回答得到启发，我后来就改变了调查策略，重新设计了两个问题，一个是：如果幸福总数是100分，你认为你已经得到了几分？另一个问题是：你说你的幸福指数是80分，那么，那没有得到的20分代表什么呢？这样一来，许多人的幸福观跃然纸上。因为从一个人的缺失体悟中，更能够发现那个真正的自我需求是什么。

所以，开启幸福的第一把钥匙，首先是立足生命本体，回归真我本性。

一、生命高于一切

“留得青山在，不怕没柴烧”。人们常常用这句话来比喻只有生命还在，就有将来和希望。这句话说说容易，但对于陷入心灵困境中的人们而言，生命的存亡只在一念间。这让我想起一个令人痛心的生命记忆。

十年前我去外地帮着开创一个超大型的教育机构，与我生活的省城相比，那儿只是一个城乡结合的新兴之镇，各方面条件自然无法相比，而且这个项目又特别艰巨，因而在开业典礼后的聚宴上，主管教育的女市长对我这样离家别乡来开拓创业的行为很好奇，就问我为什么，我当时笑答：我不入地狱谁入地狱！可是，未过两年，当我结束那边的开创工作打道回府后，却听说那位女市长为家庭情感而跳楼自尽的消息，让我心中一片痛心欷歔，深深感慨，人间本无地狱，天堂地狱皆在生命一念间！

我常常想一个问题，人们常以天堂来比喻幸福，若按这样的逻辑的话，人们为何不去主动追求上天堂呢？而只有在面对生命失去的悲恸时，才无奈地祈求逝者走好天堂之路呢？那就说明，对于活生生的人类而言，那个天堂实在不是什么好去处，而只是对于生命失去之痛的无奈寄托而已。既然如此，不管有神无神，为何要将幸福建立在子虚乌有的天堂之幻，而不好好珍爱鲜活实在的生命本体呢？正是在这个意义上，我极力倡导“生命高于一切”的幸福理念。无论是什么信仰、什么宗教、什么党派、什么制度，都要以尊重生命、珍爱生命、保护生命、享受生命的价值观为第一要义。也即是，生命信仰才是人人皆应尊崇的第一信仰，其他的一切都应该围绕这一核心价值观而行。否则，就永远难以保障个体的幸福人生，自然也就难以维护好社会的和谐安详。

◎ 幸福使者的传言：生命信仰才是人人皆应尊崇的第一信仰，其他的一切都应该围绕这一核心价值观而行。否则，就永远难以保障个体的幸福人生，自然也就难以维护好社会的和谐安详。◎

那么，如何才能让生命之舟安然地承载幸福到达人生彼岸呢？除了身体的疾病与意外的事故，对于每一个人来说，恐怕最难挨过的就是来自恐惧与伤痛的心理暗礁了。我曾经写过一篇“正视伤痛 拥抱恐惧”的博文，来表达与一位将要失去丈夫的年轻女孩交流后的感悟。这位女孩身材小巧，却内在坚强，她先生已癌症晚期，随时都有生命危险，她一边为先生的病奔波求医，一边还要照顾小孩打理事业，更重要的是，每天要面对独处时心里的那份痛与怕。我深深理解她的那份感受，但与她交流时却表现得无比冷静，就像在谈论不相干人的生死。何以如此，是因为我必须要收起想和她一起哭、一起痛的内在柔软，用医者的冷静与理性来助她切断伤痛、消融恐惧，让心灵得到疏解与疗愈。

在长长的人生历程中，每个人都会或多或少地带着恐惧进入生活，每个人也都会或深或浅地经历各种伤痛。那些怕和痛带给我们的不适感，会让我们本能地想要逃避、想要远离。而许多时候，你越害怕、越想远离，你所害怕的东西就越跟着你。就像我们越害怕黑暗，黑暗中的那些“怪物鬼魅”就越向我们袭来，而一旦我们不选择害怕，我们就能清晰地觉知到那些黑暗中不知名的怪物，不过只是一些花草树木、石头房子的阴影而已。恐惧，只有在我们选择的时候，它才成为恐惧；伤痛，也只有当我们愿意陷入的时候，它才深深陷入。只是这种选择，有时无可避免，否则，我们就不成其为凡人。

那么，当伤痛降临生命，当恐惧缠绕心灵，我们又该如何医治呢？如果要学会当自己心灵的医生，就必然得理性地面对伤痛，去正视它、觉知它，认清它的面目、接受它的存在，然后才有可能去消融它。如果你想让自己在生活的逆境中无惧无畏地面对挑战，就必然得勇敢地拥抱恐惧，与它一起探险，和它一起舞蹈，然后才有可能去真正地战胜它。

◎ 幸福使者的传言：面对伤痛，理性共处，拥抱恐惧，一起跳舞。只要生命健康存在，只要智慧依然故我，世上没有过不去的心理之坎。◎

说到底，除了良心的谴责和身体的死亡，还有什么能够让我们深深恐惧呢？良心，我们是完全可以对它负责的，平时不违心而为，便不容易陷入这样的恐惧，对于已经犯下的错误，只要及时检讨改进就好。而死亡，只是一种生命的告别，当它没有来临时，我们要好好珍惜现有的一切，哪怕是共处的每一天、每一分、每一秒，都要用心去感知体悟。而当它不期而至时，则像一片叶子落下来那样，坦然、理性、淡定地接受它。

所以，对于个体自身而言，只要生命健康存在，只要智慧依然故我，可以为生命的活力负起责任，那么，在心理上，终究没有过不去的坎。对于生命而言，活着就是幸福的资本，为什么不去好好利用这样的资本，让它的幸福效用发挥到自身意义上的最大化呢？

二、我是一切的根源

为什么同样的生命躯体，同样的时空环境，但不同个体对于幸福的体验会完全不一样呢？或许你会说，是家庭背景不一样，或财富地位不一样，才导致幸福指数的不同。非也，从根本意义而言，幸福其实与这些身外之物并无太大相关，唯一绕不过去的根源，便是那个自已。“我”，才是一切的根源所在。

在研习生命数字学的历程中，曾经有一个故事深深打动我。说的是一个人丢掉一匹马，别人为他可惜，他说，谁知道呢？只是丢掉一匹马而已。不久，这匹马不仅失而复得，还带来了一批马，别人羡慕他，他又说，谁知道呢？后来，他儿子被抓去征兵，别人又为他担忧，他又说，谁知道呢？再后来，他儿子负伤回家，而其他战友却阵亡，又有人为他庆幸。他还是说：谁知道呢？

你一定知道，这是塞翁失马的故事，但在课堂上，当老师用这个故事来表达4数这个接受实相的意义时，它就具有了超越福祸的生命意义。即无论来去得失，都只是事实本身而已，无他。也就是指，决定幸福与不幸的意义不在事情本身，而在于人们对于事情所产生的态度。比如，当一个人正在恋爱中时，他所看到的世界充满美好，生活充满光明与希望。

而当一个人遇到挫败时，同样的人和事物都会黯然失色，这不是因为外在物相变了，而仅仅是那个“我”的感觉产生了变化！也因此，我们每个人的一切都是自己所创造出来的，有一个怎样的“我”，便会使事情本身被烙上怎样的幸福标记或被套上怎样的不幸枷锁！

◎ 幸福使者的传言：决定幸福与不幸的意义不在事情本身，而在于人们对于事情所产生的态度。如果不能改变事情本身，那就改变对事情的态度，幸福体验会大不同。◎

那么，为何这个“我”会对幸福起到那么大的作用呢？这是因为，幸福其实就是需要的满足，而不同的个体、不同的阶段，就会有不同的需求产生，自然也就影响着幸福的体验。比如在十年前的调查中，有一位私企老板说：“我的幸福指数是 80 分，那 20 分是钱不够多，不能去自由地安排自己的生活，每天都要为如何养活公司的人而烦恼。在这一点上，或许我的幸福感还不如我的员工，虽然他每年三五万，而我每年可以赚上三五十万，但他比我自由得多。”从他的回答可以感知到他的幸福观：幸福就是自由度。

而另一位外地打工者说，他的幸福指数只有 20 分。那丢掉的 80 分，40 分是事业，他一直想自己创业，到现在还没有实现；另外 40 分是家庭，父亲生病，女朋友又有矛盾，很心烦，所以，对他而言，幸福就是这些愿望的实现。

我印象最深刻的，是一位海归母亲的幸福观，她说，幸福是一种过程，与不幸相伴而生，在战胜不幸中获得希望，这就是幸福的感觉，每个人都可以通过努力获得自己的幸福。她说她的幸福指数只有50分，另外50分，她认为30分丢在无知，其实人许多的问题和困惑都可以在先人那儿找到答案的，只是我们自己的迷茫无知才造成了忧愁和烦恼，另外20分在于不自信，不敢去尝试做一些事。其实获得幸福是需要勇气的，更需要学习，只有自己健康快乐，才能让别人喜欢，才能获得幸福感。好心情从每一天开始，幸福感从每一天的心情开始。

◎幸福使者的传言：幸福其实就是需要的满足，不同的个体、不同的阶段，就会有不同的需求产生，自然也就影响着幸福的体验。因此，创造不同的“我”，便能创造不同的幸福。◎

从调查可知：人的幸福感其实与主体所处的需要层次有关、与每个人自身的追求有关。美国心理学家马斯洛认为，人的需要分为由低到高的几个层次：最低层次为衣食性等生理需要，第二层次为保护、秩序、稳定等的安全需要，再上层是爱与尊重的社会需要，再往上是自我实现需要，到晚年他又提出更高层的关于自我超越灵性成长的需要。一般来说，满足了低层次的需要，人们便开始追求高一层次的需要。这也就是为什么那些没钱的人把拥有更多的钱、买更大的房子、享受更好的生活作为自己的幸福追求，而那些有钱的人却感受不到有钱的幸福，因为这一需要得到满足了，便有了新的需要，自然对原来得到满足的东西不在乎了。因此，幸福感永远都是暂时的停留，因为人的生命活力与价值追求决定了永远都要往上爬，而爬不上去的时候，便自然而然感受到不幸。因此，对应于幸福是需要的满足，不幸就是需要的不满足。所以，从自然生命进程而言，幸福与不幸，都是人生交织的常态，就像硬币的两面一体。

那么，我们如何能够让自己保持常态的幸福感呢？有人提出保持“适度幸福”的概念，即不要有过高要求，保持平衡适中就好。而我倒认为，提倡“释然幸福”似乎更为妥帖有效一些。因为“适度” 是指在知足常乐与不知足常乐之间保持一个恰当的角度，这是需要参照定力的，一般人挺难做到。但“释然”，则是无论我们身处哪个层次方位的需要追求，都要将心安放其中，活在当下，悦纳一切存在（包括由各种得失进退褒贬扬抑所带来的幸福与不幸感），幸福便会自然而生、悄然随行，所有的不幸福感，便也能够自然而然转化为由感恩之心与美意之悟所带来的幸福感。

◎ 幸福使者的传言：在人生蜿蜒之路上，幸福感永远都只是暂时的停留，我们所能做的，就是走在任何情境中，都能做到活在当下、安乐其中的“释然幸福”。◎

也因此，不管出身背景如何，生活处境如何，也不管我们处于哪个层次的需要追求，若能将心安放在其中，做到活在当下，幸福便会自然而生、释然相随。而这种释然安在的幸福感，便由这个“我”的主体状态而决定，因此，如何回归真我，如何做好自己，便成了决定幸福的核心开关所在。

三、幸福即是做好自己

既然“我是一切的根源”，人的幸福是由“我”的主体状态决定的，那么，怎样的“我”才能真正地有利于幸福体验与发展呢？

在十多年前出版的《打造孩子一生幸福的幼儿教育》一书中，我提出了“幸福生活力”的概念，将一个人对于幸福生活的作用力分为“健康的身心、丰富的认知、积极的情感、全面的技能”四大要素，还画了一个直角三角图插画来说明各大要素的关系作用。其中，“健康的身心”是幸福的底边地基线，是一切幸福体验的前提与基础。“丰富的认知”是纵向直角边，代表幸福的高度，即认知本身并不代表幸福，却是幸福的阶梯与杠杆，可以让人拥有不同高度与深度的幸福感体验。连接两个斜角的坡度线，便是人生幸福之路，而“积极的情感”便是行路者头脑里要一路向上冲的观念与激情，这才是幸福生活的核心与动力。而那个“全面的技能”则是行路者脚下用的手段与工具，掌握不同的技能，便意味着通往幸福之路上是骑自行车还是开小汽车还是乘飞机，或是两手空空徒步行。一个人的幸福人生图景，便由这样的四大因素所共同打造。

◎◎ **幸福使者的传言：健康的身心是幸福的地基，丰富的认知是幸福的坡度，积极的情感是幸福的动力，全面的技能是幸福的手段。四者结合构成一个人的幸福力。**◎

同时，我又从什么是幸福生活的角度来提出幸福生活的四个层次或维度，一是健康安全的生活，这是生命存在的基础维度；二是独立自主的生活，这是自我价值的主体维度；三是民主规范的生活，这是社会认同的归属维度；四是智慧创意的生活，这是生命创造的意义维度。这四个维度基本对应于人的各层次、各方面的需求。而要满足不同的需求，则需要有不同的能力水平。因而，从这四个维度，可以对照衡量一个的健康水平、独立水平、社会水平、创造水平。具体包括营养发育状况、健康安全意识、整体情绪状态、生活卫生习惯、身体运动发展；生活自理能力、独立做事习惯、自我保护能力、自我调控意识、解决问题策略；规则责任意识、环境适应能力、同伴交往能力、文明礼貌行为、关心互助合作；好奇心与求知欲、专注性与持久性、求异性与挑战性、语言表达能力、数理思维能力、艺术表现能力等等诸多方面。也就是说，一个人若想获得圆满的幸福生活，是需要拥有身心健康、独立自主、社交合群、智慧创造等多方面的综合素质的，也即是一个人越全面发展，越有能力去创造幸福生活。

◎ 幸福使者的传言：一个人若想获得圆满的幸福生活，需要拥有身心健康、独立自主、社交合群、智慧创造等综合素质，也即是一个人越全面完整发展，越有能力去创造幸福生活。◎

但走上生命探究之路以后，我对如何幸福与做好自己之间的关系有了更为明确具体的认知。因为经由这些工具，而懂得了每一个人生命的特质与意义都是不一样的，因而对于幸福的理解与追求也不一样。就如同有一位研究九型人格的导师说，了解自己的性格，最大的意义就是懂得了自己是一条鱼还是一只鸟，是鱼就别老想着上天，是鸟也不要去奢望潜水，做真实的自己才最有力量。这句话对我受益匪浅。而研习了生命数字学以后，对每个人的言行表现与愿望所求，就更加了然于心，也更加理解，为何有那么多的人生智慧或修身秘籍，还是满足不了各人的幸福迷茫困惑，这是因为每一个人的表达展现都与其自身的生命特质有关，都只能代表一类人的经验智慧，却不能代表另一类人的诉求。我曾经将一些世界哲学家的生命数字与他们各自的理论相对应，就发现这样一种有趣现象，即各人提出的哲学观点与其生命数字能量相当一致。这也就意味着，理论之争就像用鱼的标准去讨论鸟的人生一样没有现实意义，因为只是不同的存在特质。

◎ 幸福使者的传言：了解自己的生命特质，其最大的意义就是懂得了

自己是一条鱼还是一只鸟，是鱼就别老想着上天，是鸟也不要去奢望潜水，做真实的自己才最有力量，也更能幸福。◎

正因“我是一切的根源”，而每一个生命又如此不同，那么，如何才能做好这一个个我呢？最有效的方法，还是回到自己的真性，首先得知道自己是谁，并懂得怎样才是最好的自己。生命数字的计算与衡量只是一种对于生命发展方向可能性的参考，真正要做好自己，必须要去体验与创造，一方面要通过行动去体验自己作为这一种生命的特质是什么，感知自己与别人的不同，悦纳、臣服真实的自己，为自己的独特性而欣然、自豪，这包括接纳自己的不完美以及与别人的差异。另一方面，又要懂得各种生命特质最好的是什么，就如同我们要知道什么样的松树最美、什么样的柳树最秀，什么样的鱼儿最鲜、什么样的鸟儿最棒一样，然后通过努力的修炼去培育、去创造最好的那个自己！而一旦一棵柳树懂得自己的柔美无法用松树的刚劲取代，只要长好自己就胜过对松树的敬仰，一条鱼只关注于如何追求“海阔凭鱼跃”的自我目标，而不是去执著“天高凭鸟飞”的他人理想，那么，幸福人生之树就悄然扎根了，开花结果自然是指日可待。

从心出发 真爱联结

悦纳自我便具有了幸福扎根的源泉，而创造自我更是幸福生长的动力。但幸福大树想要枝繁叶茂结出硕果，必须还要不断地吸收阳光水分与营养，这些营养从哪里来？它并非来自于钱财权利，而是内心对于这些外物的营养吸收。打个比方，就像身体需要依赖于各种食物，但如果体内器官对这些食物中的营养不吸收，那是难以转化为身体的健康成长的。让我们健康的不是食物本身，而是经由食物而吸收到的营养。幸福也是如此，它需要以物质的满足为基础，但物质条件只是一个载体与媒介，而心感能力，才是幸福的根本源泉所在。

◎◎ 幸福使者的传言：让我们身体健康的不是食物本身，而是消化食物而吸收到的营养。使我们人生幸福的不是物质条件，而是超越物质束缚而获得的心感能力。◎

有一句话，叫“心为本，物为用”，就揭示了人类社会的深度奥秘。人与这个世界上任何生命的不同，或许就在于这个“心”——情感、思想与精神的合一体。心之所趋，即为感性；心之所思，即为理性；心之所动，即为灵性，这三性合一，便构成了一个人的个性。而幸福感，就来自于这样的个人主观体验，那些外在经历之事，无论是钱财权贵或成败得失，其实都只是为心所用的外物或途径而已。正因如此，一个人若想要增强幸福感，必须得提升心的本质——按有一位美国专家的说法，是要培养人的心灵习性（heart-habit），让人的心灵更善于承受挫折，更能够感悟幸福。但遗憾的是，当今大多数人都把物欲的追求与满足当作通向幸福感的唯一路途了，结果越忙却越不知道为何而忙，越追求外在需求却越得不到内在满足，如同缘木求鱼，只会离幸福感越来越远。

◎幸福使者的传言：心之所趋，即为感性；心之所思，即为理性；心之所动，即为灵性。幸福即来自于这三性合一的生命完整性。◎

心为本，物为用，指的是，做任何事情都要从心出发，用心去对内审视，看看自己的所作所为是否出于真心所愿，而不是随波逐流曲意勉强？还要用心去对外衡量，看看自己的所言所行是否出于真爱所向，而不是另有所图假意伪饰？不管一个人有多少财富权贵，也不论这个社会有多少法律制度，唯有心才是真正强大无欺的根本，它是联通人与一切外物之间的幸福钥匙。在《王阳明心学：修炼强大内心的神奇智慧》[①]一书介绍中这样说道：王阳明为何能成为中国历史上唯一没有争议的立德、立功、立言三不朽的圣人？为什么能成为曾国藩、梁启超、伊藤博文、稻盛和夫等中外名人共同的心灵导师？后世无数王阳明的崇拜者，为什

① 王觉仁著，湖南人民出版社 2013 年版。

么也能走出精彩人生、成就辉煌事业？这是因为他们无一例外地掌握了解决一切问题的利器——阳明心学。阳明心学集儒、释、道三家之大成，是五百年来中国人最精妙的神奇智慧。

◎ **幸福使者的传言：无论一个人有多少财富权贵，也不管这个社会有多少法律制度，唯有心才是真正强大无欺的根本，它是联通人与一切外物之间的幸福钥匙。幸福，心体验。**◎

我尚未读过阳明心学，但我已充分体悟到一个人的心智成长对于幸福人生的根本性作用。有句话说，人对了，世界就对了。这个“人对”，主要还在于“心对”。心的感觉、良知、理性调整好了，整个现实状况都会不一样。而不同的自我认知，便就有了不同的心感能力。也因此，真正的幸福密码，即是调整自我认知、提高心感能力、增强真爱联结、把握生命奥秘，才能有效扩大自我与世界之间的张力，在知己知彼与利己利人之间走出幸福捷径。

那么，如何提高一个人的心感能力，促进一个人的心智成长呢？以下三大幸福心智修炼法则，供大家参考：

一、顺应自然法则：是怎样就怎样

许多幸福感的缺失，都来自于攀比。从积极而言，攀比能够激人奋发向上，促进社会进步，但从消极角度，却又恰恰造成了外求纷争使社会陷入失序迷茫状态。要回归本心，首先要学会理性认识人间本然。

以自然世界作参照，树有高有矮、草有短有长、花有大有小，一切本来就是如此丰富多样地存在，人类生命之间也是千姿百态、各有特质，只要如实如是地接纳，无需排斥抗拒差异；且万事有因，万物有序，不同生命的成长都有它各自的季节次序，不可拔苗助长而至欲速则不达；还有，自然界的规律是种瓜得瓜、种豆得豆，因果轮回、循环往复，唯有用心付出才有可能收获，不可贪念不劳而获之想，一旦想要不劳而获，必然造成患得患失的心境而影响到内在幸福感，严重的还会使人铤而走险而造成社会的混乱失序，当前社会许多犯罪都因此而起；另外，月有阴晴圆缺，人有悲欢离合，风霜雨雪皆是自然之子，喜怒哀乐均为人生境遇，要以平常之心坦然笑纳，自然不易因一些负性情绪而影响到自己的幸福感。

◎幸福使者的传言：月有阴晴圆缺，人有悲欢离合，风霜雨雪皆是自然之子，喜怒哀乐均为人生境遇，要以平常之心坦然笑纳，幸福即为是怎样就怎样。◎

当然，幸福感与成功有关，每个人都有权利去追求属于自己的成功与幸福，但自然法则早已昭然在此：谋事在人、成事在天，物竞天择、适者生存，任何一个群体中，都是强中自有强中手，天外更有重重天，若能不以弱者悲天悯人，不以强者傲慢自居，这样就能有效遏制盲目攀比之心，懂得尽心努力却又知足常乐，从而获得各自生命意义上的不同的幸福感。

终而言之，幸福的第一根本法则就是每个人站稳自我、接纳社会，以自然、平和、包容、淡定的心态来对待所有的际遇与存在，回归本然、真诚以待。

二、遵从社会法则：该怎样就怎样

幸福虽然建立在顺应自然法则之上，但人类同居一个空间，无时不在交错互动，仅靠自然法则来维持是远远不够的，还需要遵从社会法则。这些年来，幸福命题从哲学家的探究思辨到人们个体生活方式的选择再到当前诉诸社会运动和制度建构的需求，这个发展历程也表明了社会法则将在民众幸福感的问题上起着越来越明显的作用。这是因为民众的自我意识越来越强，从各方力量作用于这个共存的社会，致使原来已经被结构化的社会法则受到冲击破坏，而导致社会矛盾日益加剧，法制问题日益凸现，并进一步造成个体幸福感的冲击，也由此带来对于社会民生问题的迫切关注。

◎ 幸福使者的传言：这些年来，幸福命题从哲学家的探究思辨到普通人生活方式的目标选择再到当前诉诸社会运动和制度建构的公众需求，这个历程表明了社会法则将在民众幸福感的问题上起到举足轻重的影响

作用。◎

社会法则与自然法则不同，自然法则“是怎样就怎样”的本然存在，唯有顺应不可逆抗，所谓“顺天者昌，逆天者亡”，就是指这个道理，这些年人为掠夺对地球环境造成的破坏和灾难已充分证实了这个道理。但社会法则却是“该怎样就怎样”的人为规则，“该”与“不该”，皆为人治，只是在长期的历史行进过程中逐步形成固化结构而不易改变而已。这种“该与不该”“变与不变”的人为性质，就为幸福感的追求留下了极大的破坏或建设空间。当今社会，许多人为个人谋权逐利而不择手段，结果，在自己获取幸福的同时却牺牲了别人的利益影响了别人的幸福，这从现实上又违反了社会公平共享法则而破坏了社会公共环境秩序，而最终又影响到自身的幸福感，这才造成了当前社会“好人”“坏人”都不幸福，穷人富人都不快乐的现状。

要解决这样的公众幸福问题，唯有重新认识并重塑重构原有的社会法则，在“该与不该”“变与不变”中做出恰当的调整。从社会整体而言，确实需要国家和地方政府从文化引领上去建立主导性（以心为核）的核心价值观念，从法制规范上去建立主体性（以人为本）的约束保障机制，从社会制度上建立民主性（以民为体）的政治管理通道，才能重新建构一个给予民众更大个人发展空间同时又满足群体互动社会和谐共享愿望的社会法则，使得整个社会各有规矩又互成方圆，人人各行其道又共通其轨，这才能使得民众在社会交互中真正获得共享共促的幸福感，从这个意义上，当前各级政府把幸福感问题纳入施政思路，不仅是一种适时的需要，也是社会发展的进步。

◎幸福使者的传言：从社会整体而言，需要从文化引领上去建立以心为核的主导性核心价值观念，从法制规范上去建立以人为本的主体性保障约束机制，从社会制度上去建立以民为体的民主性政治管理通道，才能重构公共幸福社会法则。◎

而对于社会个体而言，我们每个人都需要做到从唯唯诺诺的从众心理与我行我素的个人意识之矛盾冲突，努力转向主体性和社会性兼具的公民精神上来，这种公民精神是指，一方面要意识到自我的独立存在价值，另一方面更要意识到自己对这个国家、这个社会的公共责任，既要尽最大可能发挥自我潜能，又要尽最大努力地遵从社会规范、付出社会关爱。用一句话来表达，那就是：在规范的空间内自由飞翔。这是指，人无论有多大的自由，都是受制于一个有限社会空间的，必须要懂得遵从这样的规范。但不管是怎样的受限，人都终究应当尽己之力充分发展。这也便是以前本人所提的“幸福来自于爱与自由”，而自由与爱的结合，便构成这样的公民精神。窃以为，自律、进取、善爱、尽责的公民精神将是社会公众幸福感的条件与方向。

◎ **幸福使者的传言：在规范的空间内自由飞翔。既要尽最大可能发挥自我潜能，又要尽最大努力地遵从社会规范、承担社会责任、付出社会关爱。这是每一个人都该为公共幸福社会发展而应具有的公民精神。**◎

三、把握生命法则：想怎样就怎样

自然法则由自然造就非人为可变，社会法则由社会所创非个人所控，那是否就意味着，个人的幸福将永远不可能自主创造？非也，事实正相反，每个人的幸福感都可由自己来创造把控，其中的秘诀，便是另一个更深刻的法则：生命法则。

何为生命法则？简单地说，是生命本然的力量，是生命构造于自然、作用于社会的力量。尽管对人从何而来的谜底至今未有定论，但人的生命是这个世界上最伟大的奇迹，这已成为人间的共识。人虽然归属于自然、受治于社会，但很显然，人也在“创造”着、维护着这个自然世界，在推动着、建设着社会的发展，地位再渺小、身份再卑微的一个人，对他自身而言也是一个完整的小宇宙，并对这个世界有着其独有的作用。在这个意义上，人其实是可以“随心所欲”——想怎样就怎样的。正如美国独立宣言中所言：人生而平等。正因为其生命平等，人人才有自主创造命运、自主追求幸福的自由和可能。

◎ **幸福使者的传言：生命法则，是生命本然的力量，是生命构造于自然、**

作用于社会的力量。人生而平等，才有自主创造命运、自主追求幸福的自由和可能。◎

如此言论并非夸大其词，而是确凿真相：人的幸福感只是个人的主观感受与道路选择而已，并不由他人决定。一个成天想着国计民生大事的人，是不可能将自己的幸福感建筑在丰衣足食这些寻常追求上的，而一个喜欢吟诗作画追求浪漫情怀的人，也很难从柴米油盐的富足中感受到真正的幸福感。所以，同样是对一件事的追求与获得，对一些人而言是幸福，对一些人而言却有可能是痛苦，所谓“一个人的美食是另一个人的毒药”，这其实就是每个人不同的选择与感受而已。

在自然法则之序和社会法则之轨中，个人想要创造最大的幸福，就必须更加深刻明晰地了解自我的内在需求，把握自我的生命法则，从而做出最适合自己的人生路途选择——所谓“条条大路通罗马”，每一个人都是用自己的脚站在这个世界上，每一个人都可以用独有的方式来闯出自己的世界、活出精彩的真我，拥有自信、自爱、自尊、自强的生命魅力，而这，恰恰是幸福感持续而生的本源。

◎◎ 幸福使者的传言：每一个人都是用自己的脚站在这个世界上，每一个人都可以用独有的方式来闯出自己的世界、活出精彩的真我，绽放自信、自爱、自尊、自强的幸福生命魅力。◎

当然，在自然因果中，在社会丛林中，想要活出这样真性而为、全然自在的幸福感确实不容易，它需要有一种超然的灵性智慧与勇气，按古人的话说，那就是“乘物以游心”，这里的“物”，既包括我们的身体束缚，更包括社会的物质所限。幸福既是心感能力，它必不能为物所限，否则永无满足之日，永远会有缺失，唯有驾驭物欲之上来重归于心，随心而动、应心而求，才有可能创造最为丰富完美的内在风景，从而获得真正平和圆融的持久幸福感。关于这一点，我们在后面再进一步展开讨论、

综上所述，人的幸福感，归根究底是如何解决从心出发去用真爱联结自然、社会、自我的关系问题，也即是如何拿得起、想得开、放得下的修炼真谛，而这一切，都最终取决于人心所感、人心所择、人心所向。也因此，若要获得更本然、更纯真、更深刻的幸福感，就要从物欲外相功利思维中回到心的视界，不为财富多少而争，不为权贵高低而羡，不计较你赢我输，不在乎你强我弱，不以衣冠取人，不以身份自居，不炫青春，不恐苍老。一切只在心的自在清明与真爱联结，你就是你，我就是我，但随时随地，能够以心连心的姿态，在一起，成为“我们”。这样的“心境界”，才能使我们拥有和而不同的安详适然，才能将我们带向诗意栖居的幸福社会。

◎ 幸福使者的传言：幸福即是“心境界”，不为财富多少而争，不为权贵高低而羡，不计较你赢我输，不在乎你强我弱，不以衣冠取人，不以身份自居，不炫青春，不恐苍老。◎

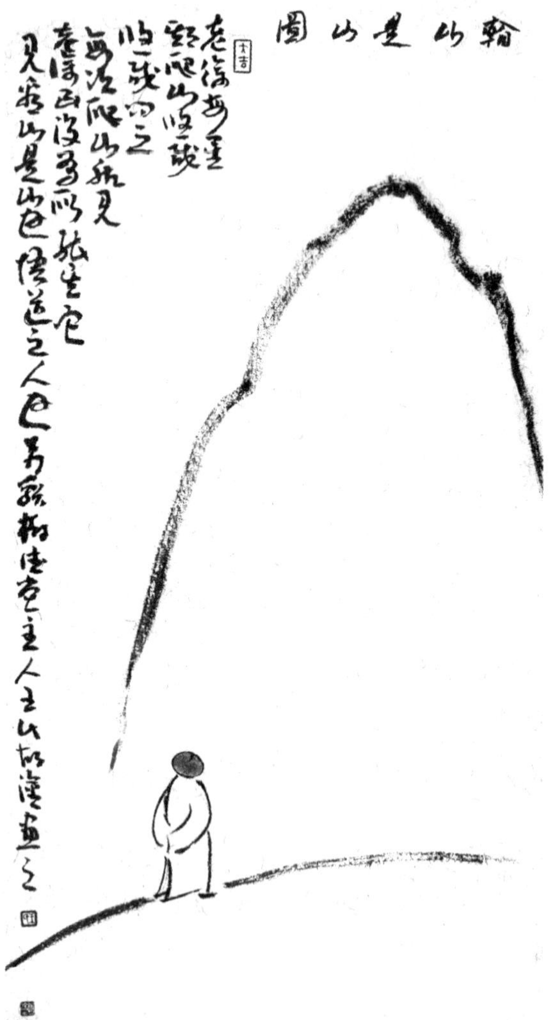

天人合一 关切世界

回归真我是向内珍爱自己，建立主体责任意识，而从心出发是向外联通世界，建立客体真爱关系，这两者充分发展融为一体，便成就内外合一、物我合一、知行合一、天人合一的理想境界。

前阵子，我在一个“幸福论道”微信群里花费许多时间与人探讨利己与利他的问题。事情从一个“石头汤”的故事开始，故事讲的是有一个村子里的人历尽苦难考验，因而变得各顾其事，再也不信任别人。有一天，有三个和尚来到这个村子，开始生火起锅煮石头汤，并去向热情之心尚存的村民要点佐料蔬菜，于是，你贡献一点盐巴，我拿来一点味精，他加点洋葱 ，她来点蘑菇，香气越来越浓，也越飘越远，终于，奇迹发生了，因为大家的这一点点贡献，却煮出了一大锅美味的石头汤，让全村人享受到了从未有过的幸福盛宴！我用这个故事作引子，试图来发起一个幸福石头汤的合力创意活动，却感悟到了一种大家都在倡导爱与幸福，但在实际行动中却又不由自主地退缩到小我之囿的功利心态，哪怕是举手之劳的便利成全小事，在没有感受到对自己的直接利益好处之前，也不愿轻易地做出利他之助。这种状况，或许便是当前中国社会的一个现实缩影，联想到接二连三发生的那些漠视生命、伤害无辜的社会惨案，着实让人心生感慨忧虑。

◎ **幸福使者的传言：在公共社会，幸福即是我贡献一点盐巴，你拿来一点味精，他添加一点菜肴，大家一起共煮真善美的幸福石头汤！** ◎

当我展开关于“幸福石头汤”讨论时，有不少人拿《自私的基因》等论据来为利己优先的观点作证。其实我并不否认利己之心对于生命存在与发展的合理性意义与必然性存在，这是生命的真实本质，更是生命的自由权利，但对于一个共生共存共创共享的群体社会而言，却需要人类发挥生命的另两种本质特性，即关切与联结，否则，这个社会是无法用爱的力量去联合在一起的 。也就是说，尽管自私利己是一个人的真实本性与自由权利，但对于群体社会而言，却需要去倡导“我为人人”才能“人人为我”的利他优先意识与责任行为。否则，当人的私欲不断膨胀时，就会不可避免地造成各种功利纷争人性欺诈，从而破坏整体社会生存环境，最终影响个体幸福。

那么，如何协调处理这种利己与利他的先后冲突问题呢？还是需要从中国文化精髓中去寻求幸福提升之道。

通过这些年的深化研究，我越来越意识到，其实一个人的幸福感是与从现实人格向理想人格的演化进程息息相关的。也即是，从现实人格向理想人格之间的距离便是幸福追求的动力。中国儒家文化提出从格物致知诚意正心到修身齐家治国平天下的人格修炼历程，其实就是一个人的幸福感不断变化演进提升的历程，比如说，一个人若处在齐家阶段，齐家能力与实现水平便会影响他的幸福感，而当他跨越到治国平天下阶段，则齐家状况已不能使他得到幸福感满足，而要去追求更宽广、更高远的人格实现了。所以，“人人皆可为尧舜”是每一个人都可去追求的理想人格，它是建立在道法自然、天人合一的思想基础上而提出的倡导，指的是人的潜能无止境，犹如天地之大令人敬畏，人人都可为自己树立人格修炼的最高目标，达到内圣外王、全人发展的理想生命境界，而这种境界，应该即是幸福攀上生命能量之巅的极致体验罢。

◎ 幸福使者的传言：在我看来，“人人皆可为尧舜”并非给人戴上不切实际的道德高帽， 而是作为一个人从现实人格向理想人格之间不断发展的终极目标与幸福动力，是幸福人生登上自我生命能量之巅的最高境界与极致体验。◎

从这个理想人格修炼的过程，我们便可从中得知，其实幸福就是如何将自己的心量不断放大增强，放大到与天地同宽以包容整个世界，增强到与宇宙同频以关切所有众生的过程，是用爱与这个大千世界全然地联结在一起，不受时空局限，无有疆界障碍。这就意味着，必须经历从建立“自我”到突破“小我”，从发展“大我”到达成“无我”境界的人与世界不断扩展融合一体的过程。

让我们再回过头来探讨一下“修身、齐家、治国、平天下”之内涵真意。

或许很多人都会认为，这四个境界是直线上升的，即只有修好身才能齐好家，只有齐好家才能治好国，只有治好国才能平天下。但以笔者自身的体悟，却发现这四重境界是彼此交织着迂回循环发展的。即年轻时尚未能修好身，但对于家庭的真爱责任，便会驱使着自己去苛己利他，将原来的真性自我扩展到以家人为重的温暖小我。但还未等齐好小家，却又发现小家之幸福其实受制于国家社稷之安盛，因此，又回过头去再修身，将那个只关注家庭幸福的“小我”再一次放大到对更广域社会的关切。再后来，发现其实个人、家庭、民族、国家是与整个全球社会联结一体的，于是便自然而然地走向承载人类情怀的“大我”修炼。这个过程，很符合我以前写过的一篇“青蛙说”：青蛙跳出井底，发现院子很大，就再也不留恋小井；再跳出院子，发现草地更大，更是欢欣雀跃；再到跳出草地到了海边，才发现水天一体、心旷神怡，不由得感慨自我之渺小，犹如宇宙中尘埃微不足道。但同时又深叹生命之不凡，能够如此冲破时空局限，与整个大千世界融为一体。

◎ **幸福使者的传言：自我之渺小，犹如宇宙之尘埃，微不足道。生命之不凡，承载世界之全域，不可小觑。**◎

从这个扩展体悟历程，我深有感知，若能让生命从小有突破自我之勇、明悟天地之智与关切世界之爱，那么，每一个人都能自然走上修身、齐家、治国、平天下的理想人格成长之路，而这种天人合一的修炼基础便是格物、致知、诚意、正心的学习过程。也因此，在《播种幸福——全能宝宝教育理论与实践》一书中，我提出了培养具有世界意识、祖国心、乡土情的未来世界公民作为促进人类和平的新时代国际教育目标，便是想通过从小让孩子建立时空、社会、自然等不同层次的归属概念与关切意识，从而走上天人合一的幸福启蒙之路。

◎ 幸福使者的传言：若能让生命从小有突破自我之勇、明悟天地之智与关切世界之爱，那么，每一个人都能自然走上修身、齐家、治国、平天下的理想人格成长之路，去体验物我一体、天人合一的幸福世界。◎

正写到这一节的时候，看到时任浙大校长林建华对毕业生的致辞文章，说“充分利己只能算是谋生，利他奉献，才能成就事业人生”，觉得十分精到透彻。幸福确实离不开以利己谋生为基础，但是，更深刻、更持久、更宽广的幸福感，则必然来自于从小我不断扩展到对整个世界予以关切的利他奉献之趋。

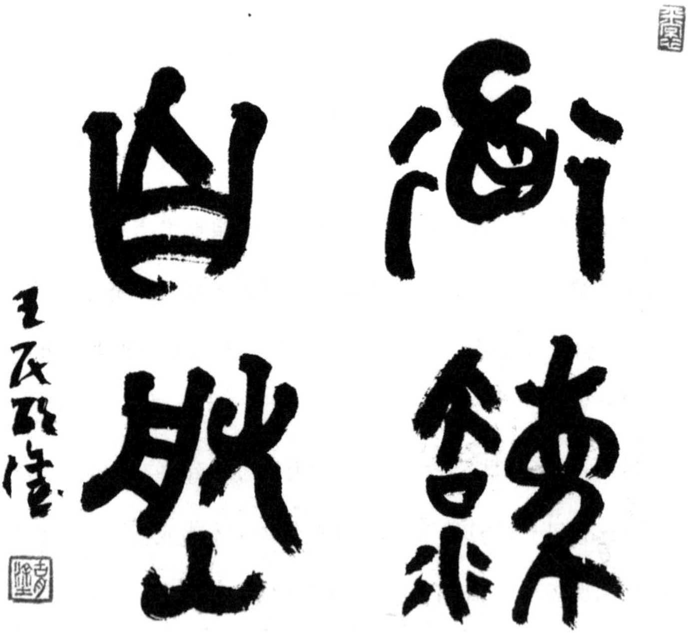

乘物游心 放飞梦想

最后，让我们来谈谈梦想。

前面说，幸福即是把握生命法则，想怎样就怎样。这个想怎样就怎样的幸福，便可视为对于梦想的追求与实现。

人果真可以想怎样就怎样吗？在“是怎样就怎样”的自然法则和“该怎样就怎样”的社会法则两大前提条件下，这种“想怎样就怎样”的生命法则才可称之为真正的理想，而不是违反自然规律与脱离社会实际的虚妄之念。这样的梦想，是应该得到祝福支持去追求的，也是应该积极期待去实现的。

可是，人的追求永无止境，而身心、时空、物质条件都有局限，如何实现这种“想怎样就怎样”的梦想呢？我们还是需要回到“心为本、物为用”的智慧里，去借用“乘物以游心”的幸福力量。

在一篇署名一念行者的网络文章里，这样写道：心没有任何身份，不会被什么所困住，时间不能困住它，空间也不能，不但不能，连一点可能性都没有。时间不能沾它的身，空间、墙或任何事物也拿它没办法。没有任何身份的心像虚空一样，笼罩在一切万有之上，神奇的是它可以随意地长出翅膀落在任何一物之上，就像它会随时随地化身为一只蝴蝶，自由而轻灵地落在任何一花一草上一样……心不是男人，不是女人，也没有三十、四十、五十、六十、八十、九十等岁数概念。因为不是男人也不是女人，因为没有年龄的概念，所以它也没有生死。心超出在一切之外，没有任何东西落在它的外面。什么也装不下它，它却装下一切。因为心没有任何身份，它可以自由地以任何身份为身份，这是它最为神通的地方；当你明白这一点，你享尽这一切。

◎ **幸福使者的传言：心不会被任何时空所困，却可以装下任何外物，因而，你可以享尽这一切，让它为幸福所用。**◎

这一段话，非常精辟地解读了“心为本、物为用”的智慧——当你化为空空如如的本心时，一切外物都将为你所用，便能达到庄子所言“超然世外，欲乘物以游心，逍遥驰骋”之境，通过最大限度地顺应自然来实现精神的自由和解放。

但是，对于凡人生命而言，幸福梦想从来就不只是虚空的想象，而是实然的目标，那么，又如何能够做到“乘物以游心”，让梦想飞扬呢？恐怕还得从梦想的障碍说起。梦想有许多客观之障，但最大的障碍，莫过于为物所困、为钱所役。

记得十几年前一位证券公司的老板朋友对我叹着气说：“如果一个人能够想上班就上班，想睡觉就睡觉，想干吗就干吗，那该多好。”我说：“那不是很容易吗？你现在不愁吃、不愁穿，完全是可以做到的呀。”他回答：“那怎么行，我起码也得赚够一千万才可以呀。”我当场笑他说：“那看样子永远不可能了。”不是说他不可能赚够一千万，而是说不定到那时，他的目标又是五千万、一个亿了。

人的物欲就是这样，我们常常以为要有多少钱才能幸福、才能去追求梦想，而其实，除了一床、一饭、一居所的基本生存条件之外，物质满足并不与幸福体验正相关，也并不等同于梦想的实现。相反，还容易让人产生“饱厌现象”。比如发奖金，或许一开始的期望只是一千元，可是一千元达到了，却并没有感到持久的快乐，反而想：要是能发两千元该多好呀，而真的涨到了两千元、三千元、甚至五千元、一万元，人们也还是不知足。这个道理就像吸鸦片一样，一旦饱厌，便水涨船高，变为对物质的更高需求，永远难以满足。所以有人认为：物质主义其实是快乐的鸦片，是幸福的泥潭。而若陷在这样的快乐鸦片与幸福泥潭之中，便不容易做到乘物游心，去自由追求“想怎样就怎样”的生命梦想了。

◎幸福使者的传言：物质主义是快乐的鸦片，是幸福的泥潭，更是困住生命梦想翅膀的心灵枷锁。◎

困住梦想翅膀的，不仅是对于物欲的过度追逐，还有对于安逸生活的迷恋难舍。在给年轻人做职业规划培训时，我曾经讲了这样一个故事：一对母女去爬山，到了山脚下，满目盛开的杜鹃花让女儿爱不释手，便赖着不走。妈妈说，说不定山上还有更好的风景呢，于是女儿再恋恋不舍地跟着往上爬，到半山腰，发现了一大片草地，绿绿的、柔柔的，多舒服啊，女儿又不想走了。妈妈又说，就不定上面还有更好的风景呢，就这样，最终母女俩来到了山顶，既没有太多鲜花，也没有大片草地，却感受到了“会当凌云绝，一览众山小”的心旷神怡之感，这是在山脚下和山腰上都体验不到的生命之巅的幸福感。

我这样说，并不是指要盲目倡导人人都去放弃安逸休闲生活、追求伟大艰辛目标，而是指每个人的生命都有其非凡能量潜质，若能积极挑战自我、不断突破进取，敢于向“想怎样就怎样”的梦想去追求、去践行，则能使自己的生命之花在充满活力的人生历练中充分绽放，而体验到内在更丰盈的幸福感与外在更欣然的成就感。而无论灵魂是否有来世轮回，都应该努力地做好这一世的自我成长修炼，也给这个社会创造更大的价值贡献。这是生命的理想信念，更是生命的本分态度。

◎◎ 幸福使者的传言：态度决定结果，信念决定未来，与其把目标定在射中一只老鹰，结果却射中一块石头，还不如把目标定在月亮，结果却射中一只老鹰。现实与理想的距离，便取决于每个人追求幸福的生命信念与态度。◎

记得参加过一个企业的年会，主题为“梦想的力量”。那位出色的企业创始人上台说了这样一段话：做梦要钱吗？不要钱。那么，既然梦想是免费的，为何不将它做得大大的？你敢于把梦想做得多大，你就会拥有多强大的力量去实现这个梦想！

这一段话深深地打动了我。正是这种梦想的力量，让他们这个草根团队在短短几年内创造出几十亿产值的辉煌，也让我看到了他们一个个洋溢着幸福灿烂的生命活力阳光。也让我想起十年前为一个大型机构开创时所写下的“拥抱幸福·放飞梦想”之歌，在此记录歌词，作为这一章的结语，来与大家分享：

想唱就唱，唱得响亮，
哪怕没有人为我们鼓掌，
也要能够快乐地自我欣赏。

想说就说，说得直爽，
哪怕无人理解我们善良的愿望，
也要让自己心里过得坦坦荡荡。

想做就做，做得坚强，
哪怕遇到再多的曲折艰难，
也要学着勇敢地迎面承担。
想飞就飞，飞得欢畅，
哪怕有人笑我们痴心妄想，
也要让自己的梦想之花，自由绽放。

本章小结

生命为何而来？为快乐幸福而来。快乐的源泉在何方？不在高高虚无的月亮之上，而在每天阳光照耀下的日常生活。幸福的意义在哪里？不在遥远的理性信仰，而在亲近的生命殿堂。这一章，让我们回到生命幸福的核心话题，来探讨如何直接照亮生活、温暖生命的幸福真谛。

一、珍爱生命，回归真我

有人为钱所役，有人为名所累，都是因为生命失去了定心盘与指南针，将幸福托付给了外物。生命缺乏真我的指路，人生注定会陷入黑暗迷途。若想要打开幸福之门，必须将幸福的第一把钥匙交到生命主人之手：立足生命本体、回归真我本性，视生命高于一切，了悟自我才是一切的根源，而幸福，便是做最好的自己。不管你是一条鱼还是一只鸟，真实才是最强大的幸福力量。

二、从心出发，真爱联结

让我们身体健康的不是食物本身，而是消化食物所吸收到的营养，使我们人生幸福的不是物质条件，而是超越物质束缚而获得的心感能力。心为本，物我用，只要以真心顺应自然法则，做到是怎样就怎样，以善心遵从社会法则，做到该怎样就怎样，那么，便能以纯然的本心去把握生命法则，去追求想怎样就怎样的幸福理想。

三、天人合一，关切世界

自我之渺小，犹如宇宙之尘埃，微不足道。生命之不凡，承载世界之全域，不可小觑。正是由于人与宇宙之间这种你中有我、我中有你的相依相存联结一体感，人是可以通过不断扩大对世界关切之域的人格修炼来达到天人合一之境的。

若能让生命从小有突破自我之勇、明悟天地之智与关切世界之爱，那么，每一个人都能自然走上修身、齐家、治国、平天下的理想人格成长之路，去体验内圣外王、物我一体的幸福世界。

四、乘物游心，放飞梦想

人果真可以“想怎样就怎样”吗？在“是怎样就怎样”的自然法则和“该怎样就怎样”的社会法则两大前提条件之下，这样的幸福理想并非违反自然规律与脱离社会实际的虚妄之念，而是实然存在又可有效应用的生命法则。那么，如何实现这样的幸福理想？需要向“乘物以游心”去寻求幸福力量。只要心不为物所役，心不为名所困，便没有任何外物枷锁可以捆住放飞梦想的心灵翅膀。而一旦拥有梦想的力量，那么，幸福会将生命温暖拥抱，一起飞翔。

结语 Epilogue

幸福，和为贵

幸福，无论如何追求高大上的理想目标，终究要细化落实为每一个当下的如实体验，也即是每一个片刻的生活感受。而人的生活场景，便可划分为家庭与事业两大主体阵营，其他关系都可分别从属于这两大阵营的联结系统。也因此，幸福人生其实是可以用一个纵横交错的坐标轴来予以表达的，幸福横轴线由爱情、婚姻、家庭构成，其中爱情为天性，婚姻为盟约，家庭为责任，这三者连成直线，一个人便拥有了家庭生活的幸福内在价值。而幸福纵轴线由兴趣、职业、事业构成，其中兴趣为动力，职业为手段，事业为理想，这三者连成直线，一个人便拥有了事业生活的幸福外在价值。而纵横轴线的交点，以“和”联结。

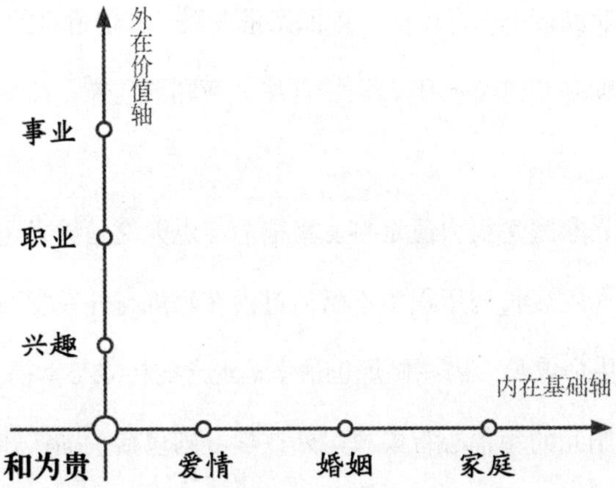

幸福坐标轴图示

这样的幸福坐标模型便为我们如何修炼让幸福不断生长的生命活力指明了方向。从横轴线而言，是要通过幸福婚恋、幸福亲子、幸福家庭的学习修炼而提高家庭幸福力，这一部分可能更多指向于以女性为主体的 whole woman 即完整、完美女人的打造，所谓家和万事兴，是与家庭中的女性幸福力素质分不开的。而从纵轴线而言，则是要通过幸福职场、幸福财智、幸福梦想的修炼打造来提高事业幸福力，这一部分或许要更多指向于以男性为主体的 whole man 即完整男人、完美男人的打造。当然，当今社会男女平等，不仅男性需要公平分担家庭幸福的责任，而且女性在职场舞台上也越来越多地引领风骚，但从两性特质比较来看，还是阴阳有别，女性因偏重情感性，更适于家庭幸福建设，而男性因偏重社会性，更适于在事业舞台上发挥价值，前面亲密关系一节中所讲的“男人是山、女人是水”便是指这个阴阳有别的自然平衡和谐之道，需顺应这样的生命法则。

而无论是家庭幸福力还是事业幸福力，也无论是男人还是女人，其实都需要在一生成长的历程中不断通过内在修炼与外在学习来汲取幸福营养以支持生命成长。内在修炼包括幸福观念的树立与幸福心态的调适，以形成积极阳光的幸福心智模式，外在学习则包括幸福认知的提升与幸福技能的训练，以建立健康科学的幸福生活方式。从这个意义上而言，有一位幸福博士说“幸福是学来的”①，这个学，包括有形的知识技能学习与无形的文化熏陶感悟，是颇有道理的。

◎◎ 幸福使者的传言：幸福需要内外兼修。内修幸福观念提升与幸福心态调适，以形成积极阳光幸福心智模式；外修幸福认知学习与幸福技能训练，以建立健康科学幸福生活方式。◎

但幸福又与其他所有的知识学习与技能训练不同，它更多是伴随漫长人生路的自我修炼与岁月沉淀。在这个历程中，岁月就像一面睿智的

---

①《学来的幸福》，宋志颖著，科学出版社 2007 年版。

筛子，不断筛去表面的浮华与激昂，逐步化解执拗的痛楚与忧伤，最后留下深沉的平和与淡定——让人拥有回归本真、释然自在的终极幸福。

◎ 幸福使者的传言：岁月就像一面睿智的筛子，不断筛去表面的浮华与激昂，逐步化解执拗的痛楚与忧伤，最后留下深沉的平和与淡定——让人拥有回归本真、释然自在的终极幸福。◎

这个随时体悟又持久沉淀的幸福生命修炼过程，需要一个极其重要的“和”字来联结成就。孔子曰：君子和而不同，小人同而不和。这句话非常精辟地表达了人的修炼内涵与方向准则，或者说是为人处世的根本态度，因为“和实生物，同则不继”，只有以和为贵，和而不同，才能让这个世界的万事万物和谐生长，呈现出千姿百态、其乐融融的幸福活力景象。

也因此，我们以四个“和”字组词来为这一本幸福生命科普读物做结语：幸福即“和气”，通过“爱自己”以修炼内在修养气质；幸福即“和善”，通过爱他人来建立外在真爱关系（这种对他人的“和善”关系通过家庭关系中的“和睦”之潜移默化熏陶而来），幸福即“和谐”，通过“爱自然”来打造内外生态环境，幸福即“和平”，通过“爱社会”来促进世界大同合一发展。

◎◎ 幸福使者的传言：幸福即和气对自己，修炼内在修养气质；幸福即和善对他人，建立外在真爱关系；幸福即和谐向自然，物我一体生态文明；幸福即和平向社会，世界大同合一发展。◎

幸福，和为贵。幸福，和人生；幸福，和天下！

附记
Appendix

半道书画玩人生

插图作者生命素描

书画者姓王，因年轻时爱在胸前别个“难得糊涂”的徽章显摆，便被人直呼以“糊涂”之名，久而久之，本名反倒被人忽略淡忘了。而作者也自是不辜负郑板桥才子遗风，在书画研创与育人之路上风生水起，因而，“王氏糊涂”之雅号实至名归了，但“糊涂老师”，是他这些年来桃李满天下的拥趸更常用的称呼。

前些天看他的微信朋友圈，分享了这样一句话：“有老友问我的人生目标是什么，我感到这问题好奇怪，因为我来到这世界是来玩的。”想到他的生命数字，不禁莞尔。想到还有一次听他聊孩子教育问题，他说每个人都应该按照自己的天性与兴趣去生活，这样反而容易获得成功与幸福，说现在的孩子都被父母们的主观意志与盲目控制摧毁了天性与活力，看那一双双本该童真鲜亮的眼睛，都变得像死鱼眼一样。这样的比喻可真是生动又犀利，怪不得他的书画教学总是让人喜欢又快速实效，尽管他从未受过任何教育学与心理学教育，他的教学与书画一样，也是半道出家，自然成才。

我知道这样的心声，恰是他自己一路走来的生命体悟。他那个学子岁月，正值高考刚恢复，在四世同堂的家庭里一直被宠上了天的单传独子，自然是极尽调皮捣蛋之能事而无多少懂事和读书之心思的，因而在一次没有考上大学之后，便也乐得在家逍遥，只是不知如何从小爱上了用毛笔写字画画，后来去学做油漆工，便自创许多油漆画法而边玩边谋生计，倒也不亦乐乎。后来为逃离父母管束而进城打工，在“难得糊涂”的招牌下恋爱娶妻生子，便也渐渐收起玩性，转向成家立业的男人之责了。

记得有人论过人生的冰山图，说人在年轻时会为水面上的显意识而活，即解决“应该怎样做”的问题，而到了一定年纪后会越来越倾向水面下的那部分潜意识驱动，即追求“想要怎样活”的方式。其实这也非常符合我在这本书里所提的幸福三境界，首先为“是怎样就怎样”的自然天性，其次就进入“该怎样就怎样”的社会化规范历程，再到越进入成熟期，就越会追求“想怎样就怎样”的内在真性需要。糊涂先生想必也应该是这样从难得糊涂到真正清醒的，若非如此，他不会在娇妻幼子都需要依赖他的微薄薪水养家糊口的时候毅然辞职，重拾少年兴趣专心研习书画的。这不是一般人有胆量做出的选择。但命运，总是会最终青睐敢于接受挑战去跨越世俗屏障之人，就像翻过高山才能看到更美的风景一样。

对于人生的成功奥秘，有人说过这样的话：每个人都有独特的天赋才华，每个人也都有各自的天命之路，如果一个人走上了自己的天命之路，他必然能够更好地发挥其天赋才华，而若一个人能够充分发挥其天赋才华，也必然能够走好自己的天命之路。这一句话，似乎也在糊涂先生的人生历程中得到验证。曾经有一位他的美女书画弟子在我面前赞誉过他的成功，她说："我没有看到过一个男人，能够整天玩着不工作，却不仅能够养家糊口，还把自己的生活经营得如此有滋有味。"这美誉还真不为过，他能够花六七个小时来煲一锅汤，常起大早骑车去钱塘江买新鲜鱼虾来犒劳家人，亲朋好友更是以去他家品尝美食、饮茶论道为乐。而这一切，就是他从教自己的儿子写字画画，再到用独创的教学法去收弟子谋生，再到以琴茶书画创研玩乐，这样一步步建基立业发展过来的。如今，娇妻已全职在家陪玩多年，而儿子也琴棋书画样样拿手，大学尚未毕业，已能凭一手琴技与书文为自己赚零花钱了。

正是因为被他这一句"生命是用来玩的"所共鸣，我花了整晚去细读他的微信图文，深品他的生命真性。说实在，整个历程就像在冬天与家人围炉夜聊一样，静静的，却满怀温暖，满心喜悦。或许，按生命数字所言，他的游戏人生论恰恰发自 3 数人的特质心声，但这只是一种可能性，真正的修炼到达，恰恰需要将自然生命与社会情怀融汇合一，才能从清明到通达，从释然到淡定，最后哪怕有千钧重担在身，也依然能够将人生视为游乐场，自在从容享受生命乐趣、积极创造社会风景，而不再因自缚之囿陷入无谓的纷争抱怨之中。

在糊涂先生一幅幅图画、一篇篇文辞展现对家乡的回归情怀、对父母的感恩牵挂、对朋友的真情投注、对生活的智慧感悟以及对国家的积极关切当中，我读到了他诚挚善良的真性之爱与明智担当的赤子之心。或许正是因为这样对人生的真善明理与对社会的责任担当，才使得他能够将天性玩乐与天命之路自然地融合一体，走出独特灿烂的幸福之路罢。也因此，才让我动念邀他来参与助兴，以他的书画作品作为本书插图，既可供大家在枯琐的文字阅读中间转换头脑，多一些视觉情趣，又可供各位读者从书画作品中品赏一个有趣有爱有料之人的生命真性与幸福奥秘，为本书主旨作一生动样本注解。希望各位读者也能如我一般喜欢这样的生命鲜活态，更希望以后能有机会去分享更多这样千姿百态的生命故事。

最后，我一定要拷贝下糊涂先生在微信中的另一句话，与大家做特别分享："我来不及认真地年轻，但明白过来，只能选择认真地老去。"在这句话上，我停驻了许久，心中有一种莫名的情愫在流淌。人生如游泳，似乎我们每一个人都需要在不断呛水的过程中慢慢识得水性，协调自己。人生更如旅行，也一定是要在走过许多弯路之后，才懂得生命地图的真意。既如此，那就不妨在任何明白过来的当下，好好地去认真关爱这一份生命之礼。年华老去纯属不可抗力，但真性智慧却是每个人都可从生命历程中习得的上天之礼，它本属于我们自己，只是需要回家与它相会。幸福人生，说到底，就是这样一条总是远离又不断回家的路。

后记
Postscript

幸福是什么

这本书稿的诞生，缘起于互联网时代的交流感悟。几个月前，我被邀进入一些以幸福命名的幸福微信群。在你言我语的热闹喧哗中，我却发现人们并不明白幸福到底是什么，以及如何才能获得幸福感。哪怕是专门研究幸福之名的为学之人，似乎也难以在与人意见相左时平和妥善地处理自我的幸福心境及其与他人的幸福关系。这让我升起想要理一理幸福思路的初念。

两个多月前，受关注幸福的同道伙伴催促激发，我们也开了一个“中国幸福会”幸福论道群，我被动地成为这平生第一微群群主。为了避免许多微群里那种七嘴八舌无效闲聊的现象，还特地做了爱群如家、惜群如贵、尊群以爱、创群以智的尊群公约，以倡导真爱共享、智慧共创、同频呼应、同心合力的幸福微群典范之行。小小微信群，大大泛社会。开群不久我便感受到了这一虚拟社会场的实践研究意义。十多年来对于幸福的探索经历与经验感悟，在这一虚拟实验场里得到了不同程度的回想、验证与深化、提升，让我越来越有强烈的驱动，想要写一本有关幸福的科普书，来给大家以幸福真谛认知的启迪与参照。

这样的强烈的驱动来自于以下几方面：

一是幸福该从何说起，又该向何处归结的方向起点问题。众说纷纭道幸福，可若没有一致的起点，便难以找到协调的路径，更难以到达共识的目标。正是在这个意义上，我们必须找到“我”这个一致的起点所在。可是，那一个个千差万别的我，又如何能聚焦到一致的起点？“生命”的概念，便自然而然地脱颖而出了。只有回归到尊重生命、欣赏生命、热爱生命、成就生命的主体意识，幸福论道才有了共同的出发起点，也自然有了可达共识的目标终点。

二是幸福该以何为信，因何而仰的价值共识问题。在微群交互中，我发现一个越来越明显的现象，就是人们动不动就以“中国人没有信仰”为由来抨击当前中国社会及其执政党与政府，而其中尤以具有在海外学习或生活背景的基督教徒为最甚，可以从字里行间感受到一方面以自己的宗教信仰为荣的傲慢，另一方面又以自己的国家为卑的愤慨，这令我去警醒深思价值共识对于一个国民个体幸福与一个国家公共幸福的不可忽视的根基意义所在。

三是幸福该利己自足，还是该利他共享的社会共建问题。从我提议发起的一个幸福石头汤草原亲子会的整个历程，便能深深感受到中国当前社会公民合力创造意识的薄弱堪忧。就如同一位学者所言，民主不是对私权的入侵，而恰恰是需要将个人权利让渡给公众利益，即先要做到“我为人人”，才能实现“人人为我”。可哪怕是这个幸福石头汤的微观实验历程，也让我深切感慨中国实现民主之难，因为更多人对于民主的理解和诉求正好与民主的本质相反，是希望先将利己的私权最大化，所以哪怕是举手之劳的资源便利，也舍不得轻易贡献成全他人。而这样的公共社会，却恰恰是造成普遍意义上的幸福缺失根源所在。

这些感悟驱动，促使着我终于下决心开始写这一本《幸福生命学》。

毋庸讳言，由于才疏学浅，以往对于生命与幸福的研究更多在实践探索与实证体悟方面，而在繁忙事务中见缝插针的两个多月写稿历程中，也根本抽不出时间去引经据典地做大量文献查阅工作，只能凭半生阅历与有限经验来有感而发、信手落笔，也顾不上对许多概念逻辑做细推细敲的打磨，就这样先粗枝大叶地呈现给大家了。为了便于大家更加具体细致地查证研习他山之石，我将在这本书稿里用到的一些文献资源都随手写在了引文或摘编之后，以方便读者随时查阅。

在写这本书的历程中，我看了微友推荐的一部影片《玄奘大师》，观后深切感慨，其实每个人的人生也如西行取经的历程，是用片刻的生命当下，来铸成连绵流长的人类历史。幸福从来就不是从天上掉下来，而是经由每一个鲜活的生命体而生长出来。不管那个生命体是微弱的小草，还是参天的大树，都是构成人类社会历史流淌的幸福源泉。

于是，便想到了另一位幸福群友的分享：要么起舞，要么陨灭，仅为你的选择，成就一切。芳华并非刹那，绽放分秒时刻。人生一场婆娑，流水一路欢歌。

是的，既然我们对生命做了这样的选择，那么，就让她鲜活地生长，尽情地绽放，用分分秒秒的当下幸福，来串起一路欢歌的生命芳华。

也因此，请允许我，在此对“什么是幸福”做一个让生命翩跹起舞的总结：

幸福就是，一个又一个自信优雅的生命，装点着人间的风景；

幸福就是，一年又一年自在充盈的光阴，流淌成丰盛的人生；

幸福就是，一天又一天自然匆忙的脚步，丈量着俱足的光阴；

幸福就是，一刻又一刻自在适然的当下，凝结成美好的生命。

幸福是每时每刻变化流淌的永远时光，

幸福是天荒地老亘古不移的当下岁月！

愿这样的幸福生命，与你同在。

幸福使者 本心